# もくじ

JN094559

答えは105〜120ページだよ

答えはミシン目で切りはなすこともできるからね!!

回数メーター

→ 5 10 15 20 25 30 35 40 45 50

# MEMO

小学2年の図形と文章題

第1回

1年生のふくしゅう (1)

月　日（🕐　時　分〜　時　分）

なまえ

点
100点

**1** つぎの 計算を しましょう。　　　　　　▶6もん×5点【30点】

(1)　1 + 9 = ⬚　　　　　(2)　8 + 5 = ⬚

(3)　5 + 7 = ⬚　　　　　(4)　6 + 6 = ⬚

(5)　9 + 9 = ⬚　　　　　(6)　4 + 6 = ⬚

**2** つぎの もんだいに 答えましょう。　　　　　▶2もん×10点【20点】

(1)　はじめ, バスに 4人 のって いました。つぎの ていりゅうじょ で 8人 のって きました。いま, バスには, 何人 のって いますか。

しき _____　　　答え ＿＿＿ 人

(2)　はじめ, みれいさんは りんごを 3こ もって いました。お母さ んに 7こ もらった とき, 合わせて 何こに なりますか。

しき _____　　　答え ＿＿＿ こ

**3** つぎの もんだいに 答えましょう。

▶ 2もん×10点【20点】

(1) 大人が 6人, 子どもが 9人 います。合わせて 何人 いますか。

しき _____　　答え _____ 人

(2) 1月は 雪が 7日 ふりました。2月は 雪が 4日 ふりました。2か月で 何日 雪が ふりましたか。

しき _____　　答え _____ 日

**4** ちゅうしゃじょうに 赤い 車が 8台, 青い 車が 6台 とまって いました。

▶ 2もん×15点【30点】

(1) ぜんぶで 何台 とまって いますか。

しき _____　　答え _____ 台

(2) このあと, 赤い 車は ぜんぶ 出て いき, 黄色の 車が 7台 きました。このとき, 車は ぜんぶで 何台に なりましたか。

しき _____　　答え _____ 台

 まとめ

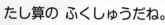 たし算の ふくしゅうだね。
まちがえた ところは ふくしゅうして, 計算を しっかり みにつけようね。

4

第2回

小学2年の図形と文章題

**1年生のふくしゅう (2)**

月　日（　時　分〜　時　分）

なまえ

点
100点

**1** つぎの 計算を しましょう。　　　　▶4もん×5点【20点】

(1) 18 − 4 =

(2) 13 − 7 =

(3) 16 − 9 =

(4) 15 − 5 =

**2** つぎの もんだいに 答えましょう。　　　　▶3もん×10点【30点】

(1) たろうくんは もって いた 15この ラムネの うち, 3こ 食べました。のこりは 何こに なりましたか。

しき　　　　　　　　　　　　　　　　答え　　　　　こ

(2) おり紙を, まりなさんは 19まい, ゆきさんは 7まい もっています。まりなさんは ゆきさんより 何まい 多く おり紙を もって いますか。

しき　　　　　　　　　　　　　　　　答え　　　　　まい

(3) 赤色の お手玉が 11こ, 青色の お手玉が 7こ あります。どちらの お手玉が 何こ 多いですか。

しき

答え　　　　色の お手玉が　　　　こ 多い

**3** つぎの もんだいに 答えましょう。

▶ 2もん×10点【20点】

(1) ゆうすけくんと かいとくんは 2人 合わせて 10この おはじき を もって います。かいとくんが おはじきを 3こ もって いる とき, ゆうすけくんは 何この おはじきを もって いますか。

しき ＿＿＿＿＿＿＿＿＿＿＿＿＿＿＿＿ 答え ＿＿＿ こ

(2) あいさんが 通う ピアノ教室には 15人の せいとが います。 まきさんが 通う ダンス教室の せいとは, あいさんの 教室より 7人 少ないです。まきさんの 教室に いる せいとは 何人ですか。

しき ＿＿＿＿＿＿＿＿＿＿＿＿＿＿＿＿ 答え ＿＿＿ 人

**4** 小学校に 2年生が 16人 います。その うち, やきゅうを ならって いる 人は 7人です。 サッカーを ならって いる 人は やきゅうを ならって いる 人より 2人 少ないです。や きゅうと サッカーの りょうほうを ならっ て いる 人は いません。

▶ 2もん×15点【30点】

(1) サッカーを ならって いる 人は 何人ですか。

しき ＿＿＿＿＿＿＿＿＿＿＿＿＿＿＿＿ 答え ＿＿＿ 人

(2) やきゅうも サッカーも ならって いない 人は 何人ですか。

しき ＿＿＿＿＿＿＿＿＿＿＿＿＿＿＿＿ 答え ＿＿＿ 人

まとめ  ひき算の ふくしゅうを したよ。たし算・ひき算を つかいこなそう!

# 第3回 1年生のふくしゅう(3)

月　日(　時　分〜　時　分)

なまえ

点 / 100点

**1** つぎの もんだいに 答えましょう。 ▶3もん×10点【30点】

マークが つぎのように ならんで います。

(左)　☆　△　□　×　★　▲　■　(右)

(1) △は 左から 何番目ですか。

答え　　　　　番目

(2) □は 右から 何番目ですか。

答え　　　　　番目

(3) まん中に ある マークに ○を つけましょう。

答え　☆　△　□　×　★　▲　■

**2** □に あてはまる 数を □に 書きましょう。 ▶3もん×10点【30点】

(1) ―2―3―□―5―6―□―8―

(2) ―9―□―7―6―□―4―

(3) 1―3―5―□―9―□―

**3** いろいろな 絵が つぎのように ならんでいます。

▶ 4もん×10点【40点】

(左)　　　　　　　　　　　　　　　　　　　　　　　　　(右)

(1)　は 左から 何番目ですか。

答え　　　　　　番目

(2)　と　の 間には 絵は 2こ あります。

　　と　の 間には 絵は 何こ ありますか。

答え　　　　　　こ

(3)　と　の 間の ちょうど まん中に ある 絵は どれで
すか。○を つけて 答えましょう。

答え

(4)　は 左から 何番目で, 右から 何番目ですか。

答え　左から　　　　　番目で, 右から　　　　　番目

まとめ 「きまりを 見つける もんだい」と 「何番目」の ふくしゅうだよ。
どこから かぞえて いるのか, しっかり もんだい文を 読もうね。

8

# 第4回 1年生のふくしゅう (4)

**1** ⑦を ならべて, いろいろな 形を 作りました。(1)～(4)は, それぞれ ⑦を 何まい つかって いますか。

▶4もん×5点【20点】

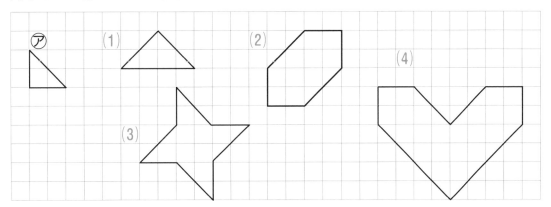

(1) 　　　 まい　　(2) 　　　 まい　　(3) 　　　 まい　　(4) 　　　 まい

**2** ⑦を ならべて, ①～④の 形を 作りました。

▶2もん×10点【20点】

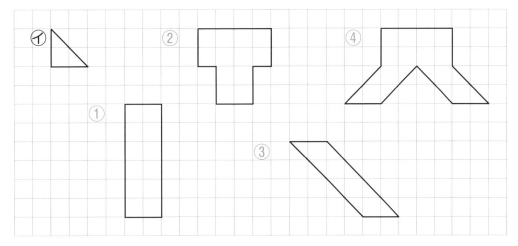

(1) ⑦の ならべ方が わかるように ①～④に 線を 引きましょう。

(2) 同じ まい数の ⑦を つかった 形は どれと どれですか。

答え 　　　　と

**3** ㋒を ならべて, いろいろな 形を 作りました。(1)と (2)は, それぞれ ㋒を
何まい つかって いますか。

▶ 2もん×10点【20点】

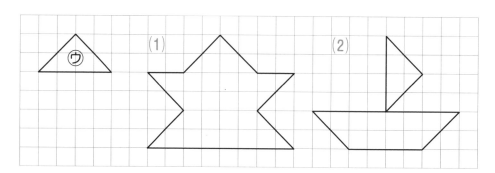

(1) _____ まい　　(2) _____ まい

**4** ㋓を ならべて, いろいろな 形を 作りました。(1)〜(4)は, それぞれ ㋓を
何まい つかって いますか。

▶ 4もん×10点【40点】

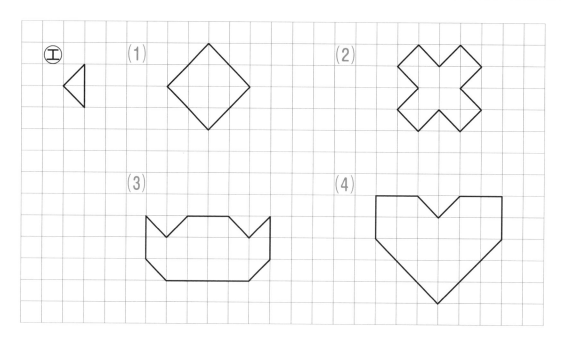

(1) _____ まい　(2) _____ まい　(3) _____ まい　(4) _____ まい

**まとめ**
10

図形の ふくしゅうだね。もとの 図形の 大きさが かわらないように ちゅうい
しながら, 線を ひいて 形を くぎって いこうね。

第5回

小学2年の図形と文章題
**かくにんテスト**
（第1〜4回）

月　日（　時　分〜　時　分）

なまえ

点
100点

**1** つぎの もんだいに 答えましょう。　▶2もん×10点【20点】

(1) 1年生が 5人, 2年生が 3人 います。合わせて 何人 いますか。

しき ＿＿＿＿＿＿＿＿＿＿＿＿＿　答え ＿＿＿＿ 人

(2) 花だんに, 赤い 花が 4本, 白い 花が 7本 さいて います。この花だんには, 花は ぜんぶで 何本 さいて いますか。

しき ＿＿＿＿＿＿＿＿＿＿＿＿＿　答え ＿＿＿＿ 本

**2** つぎの もんだいに 答えましょう。　▶2もん×10点【20点】

(1) たろうくんの クラスには, ピアノ を ならって いる 人が 9人 います。バイオリンを ならって いる 人は ピアノを ならって いる 人より 2人 少ないです。バイオリンを ならって いる 人は 何人 いますか。

しき ＿＿＿＿＿＿＿＿＿＿＿＿＿　答え ＿＿＿＿ 人

(2) おり紙が 14まい あります。6まい つかうと, のこりは 何まいに なりますか。

しき ＿＿＿＿＿＿＿＿＿＿＿＿＿　答え ＿＿＿＿ まい

**3** マークが つぎのように ならんで います。

▶3もん×10点【30点】

(左)　☆　△　×　★　□　▲　■　(右)

(1) □は 右から 何番目ですか。

答え　　　　　番目

(2) ★は 左から 何番目ですか。

答え　　　　　番目

(3) まん中に ある マークに ○を つけましょう。

答え　☆　△　×　★　□　▲　■

**4** ⑦を ならべて, いろいろな 形を 作りました。①〜③は, それぞれ ⑦を 何まい つかって いますか。

▶3もん×10点【30点】

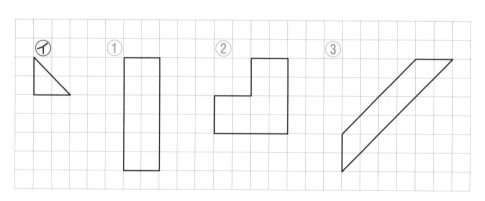

①　　　　まい　　②　　　　まい　　③　　　　まい

**まとめ**

1年生の かくにんテストだよ。
しっかり ふくしゅうを して 2年生に すすもう！

## 第6回

小学2年の図形と文章題

# たし算とひき算 (1)

## 1 つぎの 計算を しましょう。

▶ 4もん×10点【40点】

(1)
```
    3 4
+     4
```

(2)
```
    8 7
+     2
```

(3)
```
    2 5
+ 1 1
```

(4)
```
    1 2
+ 3 3
```

## 2 つぎの もんだいに 答えましょう。

▶ 2もん×10点【20点】

(1) まいさんは ビー玉を 44こ もって います。お母さんから ビー玉を 5こ もらいました。まいさんが もって いる ビー玉は ぜんぶで 何こに なりましたか。

しき

答え　　　　　こ

(2) えんぴつが 6本 ありました。今日，新しく 72本 買って きました。ぜんぶで 何本に なりましたか。

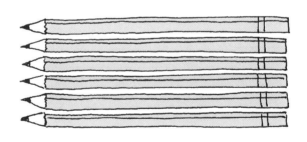

しき

答え　　　　本

↑ このひっ算の ますめは，しきの 計算の ときに つかいましょう。

**3** つぎの もんだいに 答えましょう。

▶2もん×10点【20点】

(1) あきらくんは おり紙を 12まい，ゆうこさんは おり紙を 36まい つかいました。2人は，ぜんぶで 何まい おり紙を つかいましたか。

しき _____　　　　　答え _____ まい

(2) よしこさんは 26円の キャラメルと 63円の クッキーを 買いました。合わせて 何円ですか。

しき _____　　　　　答え _____ 円

**4** ゆみさんの 小学校の 2年生は，1組，2組，3組の 3クラス あります。1組は 31人で，2組の 人数は 1組よりも 3人 多いです。

▶2もん×10点【20点】

(1) 2組の 人数は 何人ですか。

しき _____　　　　　答え _____ 人

(2) 3組の 人数は 32人です。ゆみさんの 小学校の2年生の 人数は 何人ですか。

しき _____　　　　　答え _____ 人

  **まとめ** 2けた＋1けた＝2けた，2けた＋2けた＝2けたの 文しょうだいだね。ひっ算で，せいかくに 計算しよう。

第7回

小学2年の図形と文章題

# たし算とひき算 (2)

月　日（　時　分～　時　分）

なまえ

点
/100点

## 1 つぎの 計算を しましょう。

▶ 4もん×5点【20点】

(1)
```
  1 6
+ 1 5
```

(2)
```
  3 9
+ 1 6
```

(3)
```
  4 5
+ 3 8
```

(4)
```
  6 7
+ 2 3
```

## 2 つぎの もんだいに 答えましょう。

▶ 2もん×15点【30点】

(1) はこの 中に りんごが 8こ 入って います。このはこに りんごを 18こ 入れました。はこの 中の りんごは 何こに なりましたか。

しき

答え　　　　　こ

(2) そうたくんは えんぴつを 17本 もって いました。今日, そうたくんは お友だちから えんぴつを 15本 もらいました。そうたくんの もって いる えんぴつは ぜんぶで 何本に なりましたか。

しき

答え　　　　　本

**3** つぎの もんだいに 答えましょう。

▶ 2もん×10点【20点】

(1) 44円の せんべいを 1まいと，36円の カステラを 1こ 買いました。ぜんぶで 何円ですか。

しき _____　　答え _____ 円

(2) 赤い おり紙を 27まい，青い おり紙を 34まい もって います。ぜんぶで 何まいの おり紙を もって いますか。

しき _____　　答え _____ まい

**4** お店では，1こ 18円の ガム，1まい 26円の クッキー，1こ 47円の ドーナツを 売って います。

▶ 2もん×15点【30点】

(1) ガムを 1ことと，クッキーを 1まい 買いました。ぜんぶで 何円ですか。

しき _____　　答え _____ 円

(2) (1)の 買いものを した 後に，ドーナツを 1こ 買いました。このお店で ぜんぶで 何円 つかいましたか。

しき _____　　答え _____ 円

**まとめ** 2けた＋1けた＝2けた，2けた＋2けた＝2けたの たし算の ひっ算を 学んだね。一のくらいからの くり上がりに 気を つけようね。

16

## 第 8 回

小学２年の図形と文章題

# たし算とひき算（3）

月 日（ 時 分～ 時 分）

なまえ

点
/100点

**1** つぎの もんだいに 答えましょう。　▶２もん×10点【20点】

(1) あきこさんは 96円 もって います。45円の チョコレートを 買うと，何円 のこりますか。

しき _____　答え ____ 円

(2) けんとくんは お兄さんから 42円を もらった ところ，けんとくんが もって いる お金は 98円に なりました。はじめ，けんとくんは 何円 もって いましたか。

しき _____　答え ____ 円

**2** つぎの 2つの 数を たした 答え（①）と，大きい 数から 小さい 数を ひいた 答え（②）を，求めましょう。　▶４もん×10点【40点】

(1) 47 と 24

　＋　　　－

① しき _____　答え ____
② しき _____　答え ____

(2) 19 と 79

　＋　　　－

① しき _____　答え ____
② しき _____　答え ____

**3** お店で, キャンディ, チョコレート, ガムが 売られて いました。キャンディは 1こ 11円, チョコレートは 1こ 34円です。たろうくんは, 89円を もって この お店に 行きました。

▶(1)は 10点+(2)・(3)は 15点【40点】

(1) たろうくんが, キャンディと チョコレートを 1こずつ 買うと, のこりは 何円に なりますか。

しき _____  答え _____ 円

(2) (1)の 後, たろうくんが チョコレートと ガムを 1こずつ 買った ところ, もって いた お金を すべて つかって しまいました。ガムは 1こ 何円で 売られて いますか。

しき _____  答え _____ 円

(3) たろうくんの お友だちが, 50円で キャンディと ガムを 買いました。のこりは 何円に なりますか。

しき _____  答え _____ 円

 まとめ

2けたー2けたの ひき算だよ。たし算の ときと 同じように, ひっ算を 書いて 正しく 計算できるように しよう。

# たし算とひき算 (4)

## 1 つぎの もんだいに 答えましょう。

▶2もん×10点【20点】

(1) りかさんは シールを 35まい もって います。16まいを 妹に あげました。のこりの シールは 何まいですか。

しき　　　　　　　　　　　　　　　　　　　答え　　　　　まい

(2) いおりくんは 48円 もって います。いおりくんは お母さんか ら 何円か もらったので，もって いる お金は 92円に なりまし た。いおりくんは お母さんから 何円 もらいましたか。

しき　　　　　　　　　　　　　　　　　　　答え　　　　　円

## 2 つぎの もんだいに 答えましょう。

▶2もん×10点【20点】

(1) たかしくんは 67円 もって います。めいさんが もって いる お金は たかしくんより 9円 少ないです。めいさんは 何円 もっ て いますか。

しき　　　　　　　　　　　　　　　　　　　答え　　　　　円

(2) 風船が 50こ あります。23人の 子どもたちに 1人 1こずつ 風船を くばりました。のこりの 風船は 何こに なりましたか。

しき　　　　　　　　　　　　　　　　　　　答え　　　　　こ

**3** 花だんに 赤, 白, 黄色, むらさき色の 4色の 花が ぜんぶで 81本 さいて います。花だんに さいて いる 花の うち, 赤い花は 29本でした。

▶ 3もん×20点【60点】

(1) 白, 黄色, むらさき色の 花は, ぜんぶ 合わせて 何本 あります か。

しき _____   答え ____ 本

(2) 白い 花が 19本, 黄色い 花が 27本の とき, むらさき色の 花は 何本 さいて いますか。

答え ____ 本

(3) 黄色い 花が 20本, むらさき色の 花が 6本の とき, 白い 花 は 何本 さいて いますか。

答え ____ 本

まとめ
20

2けた−2けた, 2けた−1けたの 文しょうだいだね。一のくらいが ひけないの で, 十のくらいから 10を かりて きて 計算 しよう。

## 第10回

小学2年の図形と文章題

# かくにんテスト
## (第6〜9回)

なまえ

点
100点

**1** つぎの もんだいに 答えましょう。　　▶2もん×10点【20点】

(1) かえでさんは えんぴつを 15本 もって います。お母さんから 4本 もらいました。ぜんぶで 何本に なりましたか。

しき　　　　　　　　　　　　　答え　　　　　本

(2) さとしくんは おはじきを 23こ もって います。ゆうたくんが もって いる おはじきは さとしくんより 12こ 多いです。ゆうたくんは おはじきを 何こ もって いますか。

しき　　　　　　　　　　　　　答え　　　　　こ

**2** つぎの もんだいに 答えましょう。　　▶2もん×10点【20点】

(1) 赤い おり紙が 17まい，青い おり紙が 9まい あります。おり紙は ぜんぶで 何まいですか。

しき　　　　　　　　　　　　　答え　　　　　まい

(2) 29円の ようかんを 1こと，63円の ドーナツを 1こ 買いました。ぜんぶで 何円ですか。

しき　　　　　　　　　　　　　答え　　　　　円

**3** つぎの もんだいに 答えましょう。

▶2もん×15点【30点】

(1) たくとくんは, シールを 35まい もって います。しずかさんが もって いる シールの まい数は たくとくんより 4まい 少ない です。しずかさんは シールを 何まい もって いますか。

しき _____ 答え _____ まい

(2) 88円を もって います。45円の チョコレートを 1こ 買うと, のこりは 何円に なりますか。

しき _____ 答え _____ 円

**4** はこの 中に, 赤色, 青色, 黄色, 白色の ボールが, ぜんぶで 83こ 入って います。この うち, 赤色の ボールは 17こでした。

▶2もん×15点【30点】

(1) 青色, 黄色, 白色の ボールは, はこの 中に 合わせて 何こ 入って いますか。

しき _____ 答え _____ こ

(2) 青色の ボールが 18こ, 黄色の ボールが 29こ 入って いる とき, 白色の ボールは 何こ 入って いますか

しき _____ 答え _____ こ

まとめ

たし算・ひき算の 文しょうだいだね。くり上がり, くり下がりに 気をつけよう。

## 第11回

小学2年の図形と文章題

# 100 より大きい数 (1)

月　日（　時　分〜　時　分）

なまえ

点
100点

**1** つぎの 数を 算用数字で 書きましょう。　　▶3もん×10点【30点】

(1) 四百五十三

答え _____

(2) 七百二十

答え _____

(3) 九百八

答え _____

**2** つぎの □ に あてはまる 数を 書きましょう。　　▶4もん×5点【20点】

(1) 591 は, 100 を [　　] こ, 10 を [　　] こ, 1 を [　　]
こ 合わせた 数です。

(2) 百のくらいが 5, 十のくらいが 0, 一のくらいが 6の 数は
[　　] です。

(3) 100 を 5こ, 10 を 8こ 合わせた 数は [　　] です。

(4) 100 を 4こ, 1 を 2こ 合わせた 数は [　　] です。

**3** 下の「れい」のように，2つの 数を くらべて，□の 中に > か < の きごうを 書きましょう。

▶4もん×5点【20点】

れい　　（数の大きい方）150　>　100（数が小さい方）

(1) 408 □ 398

(2) 565 □ 556

(3) 675 □ 677

(4) 866 □ 896

**4** つぎの □に あてはまる 数を 書きましょう。

▶6もん×5点【30点】

(1) 950 より 50 大きい数は □ です。

(2) 450 より 50 大きい数は □ です。

(3) 800 より 100 大きい数は □ です。

(4) 1500 は 100 を □ こ あつめた 数です。

(5) 7000 は 1000 を □ こ あつめた 数です。

(6) 2000 は 500 を □ こ あつめた 数です。

100より 大きい 数の よみ方，書き方を おぼえて，大きさを くらべられるよう に なろうね。

小学2年の図形と文章題

第12回

100 より大きい数 (2)

月　日（　時　分〜　時　分）

なまえ

点
100点

**1** つぎの もんだいに 答えましょう。　　　▶3もん×10点【30点】

(1) けんとくんは, 1こ 50円の スナックと 1こ 100円の サイダー
を 1こずつ 買いました。だい金は 何円ですか。

しき _____　答え _____ 円

(2) ゆかさんは シールを 60まい, あみさんは シールを 40まい
もって います。2人 合わせて 何まい シールを もって いますか。

しき _____　答え _____ まい

(3) えんぴつが 90本と, ボールペンが 70本 あります。えんぴつは
ボールペンより 何本 多いですか。

しき _____　答え _____ 本

**2** つぎの もんだいに 答えましょう。　　　▶2もん×10点【20点】

(1) 赤い ボールが 300こ, 青い ボールが 500こ あります。赤い
ボールと 青い ボールは 合わせて 何こ ありますか。

しき _____　答え _____ こ

(2) ゆきさんは 900円 もって います。400円の ケーキを 買うと,
何円 のこりますか。

しき _____　答え _____ 円

**3** つぎの ア，イの うち，大きい方の 数に ○を つけましょう。

▶2もん×10点【20点】

(1) ア＝180，イ＝160より 30 大きい数

答え（　ア　　イ　）

(2) ア＝208より 8 小さい 数，イ＝190

答え（　ア　　イ　）

**4** お店で，にんじん，ピーマン，トマトを 売っています。にんじんは 1本 80円，ピーマンは 1こ 60円です。あきらくんが この お店で ピーマンと トマトを 1こずつ 買った ところ，150円でした。

▶2もん×15点【30点】

(1) トマトは 1こ 何円ですか。

しき　　　　　　　　　　　　　　　　　　答え　　　　　　円

(2) ゆきさんは，500円を もって このお店に 行きました。にんじんと トマトを 1こずつ 買うと，のこりは 何円に なりますか。

しき　　　　　　　　　　　　　　　　　　答え　　　　　　円

まとめ　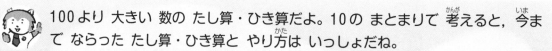　100より 大きい 数の たし算・ひき算だよ。10の まとまりで 考えると，今まで ならった たし算・ひき算と やり方は いっしょだね。

## 第 13 回

小学 2 年の図形と文章題

# 100 より大きい数 (3)

月 日 (⏰ 時 分〜 時 分)

なまえ

点
100点

**1** つぎの 計算を しましょう。

▶ 4 もん×5点【20点】

(1) 85 + 52 = ☐

(2) 27 + 48 = ☐

(3) 99 + 2 = ☐

(4) 581 + 26 = ☐

**2** つぎの もんだいに 答えましょう。

▶ 3 もん×10点【30点】

(1) トマトは 1パック 284円, ピーマンは 1こ 32円でした。りょうほう 合わせて 何円に なりますか。

しき _____  答え ____ 円

(2) けんたくんは 川に そって, 95分 歩いたあと, 21分 走りました。合わせて 何分に なりますか。

しき _____  答え ____ 分

(3) ぼく場に 牛が 68頭, 馬が 47頭 います。この ぼく場に いる 牛と 馬は 合わせて 何頭ですか。

しき _____  答え ____ 頭

**3** つぎの もんだいに 答えましょう。 ▶2もん×10点【20点】

(1) ひろこさんの 算数の テストの 点数は 67点, 国語の テストの 点数は 86点でした。合わせて 何点ですか。

しき _____ 答え _____ 点

(2) きょ年, 小学校の じどうの 人数は 379人でしたが, 今年は 54人 ふえました。今年の じどうの 人数は 何人ですか。

しき _____ 答え _____ 人

**4** 土曜日は, 子どもが 89人, 大人が 112人 公園に 来ました。日曜日は, 子どもと 大人が 合わせて 79人 公園に 来ました。 ▶2もん×15点【30点】

(1) 土曜日に 公園に 来た 人数は, 子どもと 大人 合わせて 何人ですか。

しき _____ 答え _____ 人

(2) 土曜日と 日曜日の 2日間に, 子どもと 大人は 合わせて 何人 公園に 来ましたか。

しき _____ 答え _____ 人

まとめ　100より 大きい 数が 出て くる たし算だね。
2回 くり上がる ときは, ていねいに 計算してね。

28

## 第14回

小学2年の図形と文章題

# 100 より大きい数 (4)

月　日（◔　時　分〜　時　分）

なまえ

点／100点

---

**1** つぎの 計算を しましょう。　　　　　▶6もん×5点【30点】

(1) 126 − 53 = 

(2) 106 − 36 = 

(3) 174 − 88 = 

(4) 122 − 46 = 

(5) 461 − 43 = 

(6) 227 − 18 = 

---

**2** つぎの もんだいに 答えましょう。　　　　　▶2もん×10点【20点】

(1) チョコレートが 390 こ
あります。この うち, 85
こを 子どもたちに くば
りました。のこりは 何こ
ですか。

しき _____　　　答え ____ こ

(2) ちひろさんの 学校には, 2年生が 135人 います。2年生の うち,
63人が 男子です。女子は 何人 いますか。

しき _____　　　答え ____ 人

**3** つぎの もんだいに 答えましょう。

▶2もん×10点【20点】

(1) えんぴつの ねだんは 87円, 赤えんぴつの ねだんは 134円です。
えんぴつと 赤えんぴつの ねだんの ちがいは 何円ですか。

しき _____ 答え _____ 円

(2) なおとくんの 計算テストと かん字テストの 点数の 合計は
125点でした。としきくんの 計算テストと かん字テストの 合計
点は なおとくんより 32点 ひくかったです。としきくんの 合計
点は 何点ですか。

しき _____ 答え _____ 点

**4** あかりさんは 530円, ひろしくんは 365円 もって いて, さきさんの もっ
て いる お金は, あかりさんと ひろしくんが もって いる お金の 合計よ
りも 58円 少ないです。

▶2もん×15点【30点】

(1) あかりさんと ひろしくんの もって いる お金の 合計は 何円
ですか。

しき _____ 答え _____ 円

(2) さきさんは 何円 もって いますか。

しき _____ 答え _____ 円

まとめ
30

100より 大きい 数が 出て くる ひき算だよ。2回 くり下がる ときが むずか
しいね。何ども れんしゅうして しっかり できるように なろうね。

# かくにんテスト
## (第11〜14回)

月　日（🕐　時　分〜　時　分）

なまえ

点
100点

**1** つぎの □ に あてはまる 数を 書きましょう。　▶2もん×10点【20点】

(1) 694 は, 100 を [　　] こ, 10 を [　　] こ,

1 を [　　] こ, 合わせた 数です。

(2) 1800 は 100 を [　　] こ あつめた 数です。

**2** つぎの もんだいに 答えましょう。　▶3もん×10点【30点】

(1) 400円の にんじんと 300円の キャベツを 買うと, ぜんぶで 何円に なりますか。

しき ＿＿＿＿＿＿＿＿＿＿＿＿＿　　答え ＿＿＿＿ 円

(2) いちごが 120こ あります。40こ たべると, のこりは 何こに なりますか。

しき ＿＿＿＿＿＿＿＿＿＿＿＿＿　　答え ＿＿＿＿ こ

(3) はこの 中に ビー玉が 134こ 入って います。このはこの 中に ビー玉を 9こ 入れると, ビー玉は 何こに なりますか。

しき ＿＿＿＿＿＿＿＿＿＿＿＿＿　　答え ＿＿＿＿ こ

**3** つぎの もんだいに 答えましょう。　　　　　　　　2もん×10点【20点】

(1) さくらさんの 学校には 男子が 210人, 女子が 189人 います。
　　男子は 女子より 何人 多いですか。

しき _____　　答え _____ 人

(2) たかしくんは 1こ 87円の ノートと 1こ 95円の けしごむを
　　1つずつ 買いました。ぜんぶで 何円ですか。

しき _____　　答え _____ 円

**4** 算数と 国語の テストが ありました。たろうくんは 算数が 89点, 国語は
108点でした。じろうくんの 算数の 点数は, たろうくんの 算数の 点数
より 16点 高いです。じろうくんの 国語の 点数は, じろうくんの 算数の
点数より 29点 ひくいです。　　　　　　　　▶3もん×10点【30点】

(1) たろうくんの 算数と 国語の 点数の 合計は 何点ですか。

しき _____　　答え _____ 点

(2) じろうくんの 国語の 点数は 何点ですか。

答え _____ 点

(3) たろうくんと じろうくんの 算数と 国語の 合計点の 差は 何
　　点ですか。

しき _____　　答え _____ 点

第15回　かくにんテスト（第11〜14回）　　　　　　　答え☞109ページ

**まとめ** 100より 大きい数を べんきょうしたよ。
100より 大きい数の 計算も 2けたまでの ときと 同じだね。

## 第 16 回

小学 2 年の図形と文章題

# 時こくと時間

月　日（　時　分～　時　分）

なまえ

点
/100点

**1** つぎの □ に あてはまる 数を 答えましょう。　　▶3もん×10点【30点】

(1) 1日 ＝ □ 時間　　(2) 90分 ＝ □ 時間 □ 分

(3) 1時間 15分 ＝ □ 分

**2** つぎの 時こくは 何時 何分ですか。　　▶2もん×10点【20点】

(1)

答え　　　時　　　分

(2)

答え　　　時　　　分

**3** □ に 「時こく」か 「時間」を 書きましょう。

▶ 2もん×10点【20点】

(1) きのう ねた □ は 午後10時30分です。

(2) おきてから 家を 出るまでの □ は 30分です。

**4** みかさんは つぎの 時間の とおりに, どうぶつ園に 行きました。

▶ 3もん×10点【30点】

家を出た時こく　　バスにのった時こく　　バスをおりた時こく　　どうぶつ園についた時こく

(1) みかさんが 家を 出た 時こくは 何時 何分ですか。

答え　　　　　時　　　　　分

(2) みかさんが バスに のって いた 時間は 何分ですか。

答え　　　　　分

(3) みかさんが 家を 出てから どうぶつ園に つくまでに かかった 時間は 何分ですか。

答え　　　　　分

**まとめ** いつも 見て いる 「時計」の 見方を べんきょうしたよ。
1日＝24時間, 1時間＝60分は しっかり おぼえよう。

## 第17回

小学2年の図形と文章題

# かけ算 (1)

月　日（　時　分〜　時　分）

なまえ

点
/100点

**1** つぎの 計算を しましょう。　　　▶8もん×5点【40点】

(1) 1 × 6 =

(2) 1 × 3 =

(3) 1 × 5 =

(4) 1 × 8 =

(5) 2 × 3 =

(6) 2 × 7 =

(7) 2 × 4 =

(8) 2 × 9 =

**2** つぎの もんだいに 答えましょう。　　　▶5もん×6点【30点】

(1) 1のだんの 九九の 答えは　　　　　ずつ 大きく なります。

(2) 2のだんの 九九の 答えは　　　　　ずつ 大きく なります。

(3) 2のだんの 6つめは　　　　　に なります。

(4) 7のだんの 3つめは　　　　　に なります。

(5) 9のだんの 9つめは　　　　　に なります。

**3** つぎの もんだいに 答えましょう。 ▶2もん×5点【10点】

(1) チューリップを 1人に 1本ずつ くばりました。4人に くばる
   には, ぜんぶで 何本の チューリップが ひつようですか。

   しき _____   答え _____ 本

(2) りえさんは 1まい 2円の シールを 8こ 買いました。だい金は
   何円ですか。

   しき _____   答え _____ 円

**4** 1はこ 1こ入りの ケーキが 7はこ
   あります。また, 1はこ 2こ入りの
   プリンが 5はこ あります。

   ▶2もん×10点【20点】

(1) ケーキは ぜんぶで 何こ ありますか。

   しき _____   答え _____ こ

(2) ケーキと プリンは 合わせて 何こ ありますか。

                                       答え _____ こ

まとめ
36

九九の べんきょうが はじまったね。今回は, 1のだん, 2のだんを べんきょう
したよ。声に 出して 読みながら, しっかり おぼえようね。

# かけ算 (2)

**1** つぎの 計算を しましょう。　　　▶8もん×5点【40点】

(1) 3 × 4 = 

(2) 3 × 6 = 

(3) 3 × 5 = 

(4) 3 × 9 = 

(5) 4 × 2 = 

(6) 4 × 5 = 

(7) 4 × 4 = 

(8) 4 × 8 = 

**2** つぎの もんだいに 答えましょう。　　　▶2もん×10点【20点】

(1) 1こ 3円の ゼリーを 2こ 買いました。ぜんぶで 何円ですか。

しき　　　　　　　　　　　　　　　　答え　　　　　円

(2) 1つの はこに ボールが 3こずつ 入っ
て います。はこが 8こ ある とき, ボー
ルは ぜんぶで 何こ ありますか。

しき

答え　　　　　こ

**3** つぎの もんだいに 答えましょう。

▶ 2もん×10点【20点】

(1) えんぴつを 1人に 4本ずつ くばりました。7人に くばるには, ぜんぶで 何本の えんぴつが ひつようですか。

しき _____ 答え _____ 本

(2) 1つの ソファーに 4人ずつ すわります。ソファーが 6つ ある とき, 何人 すわることが できますか。

しき _____ 答え _____ 人

**4** 1はこ 3こ入りの ケーキが 7はこ あります。これらの ケーキを 9人の 子どもたちに くばることに しまし た。

▶ 2もん×10点【20点】

(1) ケーキは ぜんぶで 何こ ありますか。

しき _____ 答え _____ こ

🐾(2) 子どもたちに 1人 4こずつ ケーキを くばろうと した ところ, 何こか たりなく なりました。あと 何こ あれば, ケーキを ぜん いんに 4こずつ くばることが できますか。

答え _____ こ

まとめ 3のだん, 4のだんの べんきょうを したよ。
だんだん 数が ふえて いくけど, 1だん 1だん しっかり おぼえよう。

## 第19回

小学2年の図形と文章題

# かけ算 (3)

月　日（🕐 時　分〜　時　分）

なまえ

点
100点

---

**1** つぎの 計算を しましょう。　　　　　▶6もん×5点【30点】

(1) $5 \times 9 =$ 　　　　　　　(2) $5 \times 1 =$

(3) $5 \times 3 =$ 　　　　　　　(4) $6 \times 2 =$

(5) $6 \times 1 =$ 　　　　　　　(6) $6 \times 7 =$

---

**2** つぎの もんだいに 答えましょう。　　　　▶3もん×10点【30点】

(1) 1人に 6まいずつ シールを くばります。
5人に くばるには, シールは 何まい ひつ
ようですか。

しき

答え　　　　　　まい

(2) 5円玉が 4まい あります。ぜんぶで 何円ですか。

しき　　　　　　　　　　　　　　答え　　　　　円

(3) 1週間は 7日間 あります。2週間は 何日 ありますか。

しき　　　　　　　　　　　　　　答え　　　　　日

**3** つぎの もんだいに 答えましょう。

▶ 2もん×10点【20点】

⑴ クッキーが 5まいずつ 入っている ふくろが 7ふくろ あります。クッキーは ぜんぶで 何まい ありますか。

しき ＿＿＿＿＿＿＿＿＿＿＿＿＿＿＿＿＿＿＿＿＿　　答え 　　　　　まい

⑵ トンボは 足が 6本 あります。トンボが 6ひき いると 足は ぜんぶで 何本 ありますか。

しき ＿＿＿＿＿＿＿＿＿＿＿＿＿＿＿＿＿＿＿＿＿　　答え 　　　　　こ

**4** 5この りんごが 入った はこが 8はこ, 6この みかんが 入った はこが 9はこ あります。

▶ 2もん×10点【20点】

⑴ りんごと みかんは 合わせて 何こ ありますか。

答え 　　　　　こ

⑵ りんごが 入った はこを 2はこ, みかんが 入った はこを 3はこ お友だちに あげました。りんごと みかんは 合わせて 何こに なりましたか。

答え 　　　　　こ

まとめ  5のだん, 6のだんの べんきょうだよ。
5のだんは 一のくらいが 5と 0しか ないね。

## 第20回

小学2年の図形と文章題

# かくにんテスト
## (第16〜19回)

月　日（　時　分〜　時　分）

なまえ

点
100点

---

**1** つぎの □ に あてはまる 数を 答えましょう。　▶2もん×5点【10点】

(1) 1時間20分＝ □ 分

(2) 115分＝ □ 時間 □ 分

---

**2** つぎの もんだいに 答えましょう。　▶3もん×10点【30点】

(1) あめを 1人に 1こずつ くばりました。7人に くばると ぜんぶで 何こ ひつようですか。

しき _____　答え　　　こ

(2) えんぴつが 6本ずつ たばに なって います。7たば ある とき，えんぴつは ぜんぶで 何本 ありますか。

しき _____　答え　　　本

(3) パトカーに けいさつかんが 2人 のって います。パトカーが 8台 ある とき けいさつかんは ぜんぶで 何人に なりますか。

しき _____　答え　　　人

**3** つぎの もんだいに 答えましょう。　▶2もん×15点【30点】

(1) 1本 5円の 花を 6本 買うと, 何円に なりますか。

しき ＿＿＿＿＿＿＿＿＿＿＿＿＿＿＿　答え ＿＿＿＿ 円

(2) 4人ずつ すわれる ベンチが 6つ あります。ぜんぶで 何人 すわれますか。

しき ＿＿＿＿＿＿＿＿＿＿＿＿＿＿＿　答え ＿＿＿＿ 人

**4** はやとくんは 100円を もって 買いものに 行きました。1こ 5円の チョコレートを 8こと 1こ 6円の ガムを 5こ 買いました。

▶2もん×15点【30点】

(1) チョコレート 8この だい金は 何円ですか。

しき ＿＿＿＿＿＿＿＿＿＿＿＿＿＿＿　答え ＿＿＿＿ 円

(2) 買いものを した 後, 何円 のこりますか。

答え ＿＿＿＿ 円

**まとめ** 時こくと 時間, 九九の 文しょうだいの かくにんを したよ。
九九は 大切だから しっかり おぼえようね。

# かけ算 (4)

**1** つぎの 計算を しましょう。　▶6もん×5点【30点】

(1) $7 \times 2 =$ ☐

(2) $7 \times 5 =$ ☐

(3) $7 \times 3 =$ ☐

(4) $7 \times 6 =$ ☐

(5) $7 \times 9 =$ ☐

(6) $7 \times 7 =$ ☐

**2** つぎの もんだいに 答えましょう。　▶2もん×10点【20点】

(1) 7人の グループを 3組 作りました。ぜんぶで 何人ですか。

しき _____　答え _____ 人

(2) 1つの いすに 7人ずつ すわります。いすが ぜんぶで 9つ あ る とき, 何人 すわれますか。

しき _____　答え _____ 人

**3** つぎの もんだいに 答えましょう。

(1) クッキーが 入って いる ふくろが 7ふくろ あります。クッキーは, 1ふくろに 4まいずつ 入って います。クッキーは ぜんぶで 何まい ありますか。

しき _____　　答え 　　　まい

(2) ドッジボールを 1チーム 7人で します。8チーム ある とき, せんしゅは ぜんぶで 何人 いますか。

しき _____　　答え 　　　人

**4** おり紙が 100まい あります。まず, 7人の 子どもたちに 9まいずつ, おり紙を くばりました。

▶2もん×15点【30点】

(1) おり紙は 何まい あまりましたか。

答え 　　　まい

(2) あまった おり紙を, 7人の 子どもたちに あと 6まいずつ, くばろうとした ところ, 何まいか たりなく なりました。あと 何まい あれば, ぜんいんに 6まいずつ くばる ことが できますか。

答え 　　　まい

第 **21** 回　かけ算(4)　　　　　　　　　　　答え☞110ページ

 まとめ 　7のだんを べんきょうしたよ。
7のだんは まちがえやすいので ようちゅういだぞ！

44

# かけ算 (5)

月　日（　時　分〜　時　分）

なまえ

点 / 100点

**1** つぎの 計算を しましょう。　　　▶6もん×5点【30点】

(1) 8 × 3 = 　　　　　　(2) 8 × 5 = 

(3) 8 × 2 = 　　　　　　(4) 8 × 6 = 

(5) 8 × 7 = 　　　　　　(6) 8 × 9 = 

**2** つぎの もんだいに 答えましょう。　　　▶2もん×10点【20点】

(1)　クラスの 中で, 8人の グルー
プを 5組 作りました。ぜんぶで
何人ですか。

しき

答え　　　　　　人

(2)　ビー玉を 8こずつ くばります。3人に くばる とき, ビー玉は
何こ ひつようですか。

しき　　　　　　　　　　　　　答え　　　　　こ

**3** つぎの もんだいに 答えましょう。

▶2もん×10点【20点】

(1) 1まい 8円の 画用紙を 8まい 買うと 何円に なりますか。

しき ＿＿＿＿＿＿＿＿＿＿＿＿＿＿＿　　答え 　　　　　円

(2) 8日間 毎日 お花に 水やりを します。1日に 4回 水やりを する とき，ぜんぶで 何回 水やりを しましたか。

しき ＿＿＿＿＿＿＿＿＿＿＿＿＿＿＿　　答え 　　　　　回

**4** ある本を，もえさんは，1日に 8ページずつ 読みました。もえさんは，はじめの 1週間は 8ページずつ 読み，その 後は，4ページずつ 読んだところ，読みはじめてから 11日目に，4ページ 読んだところで 読み おわりました。

▶2もん×15点【30点】

(1) もえさんは，はじめの 1週間で，何ページ 読めましたか。

しき ＿＿＿＿＿＿＿＿＿＿＿＿＿＿＿　　答え 　　　　ページ

(2) しゅんくんは，もえさんと 同じ 本を，1日に 8ページずつ 読みました。しゅんくんが この本を 読み おわるのは，本を 読みはじめてから 何日目ですか。

答え 　　　　　日目

**まとめ**

**46**

8のだんを べんきょうしたよ。九九は この後に ならう「わり算」でも つかうから，しっかり みにつけて おこうね。

# かけ算 (6)

## 1 つぎの 計算を しましょう。

▶6もん×5点【30点】

(1) $9 \times 4 =$ 　　

(2) $9 \times 2 =$ 　　

(3) $9 \times 7 =$ 　　

(4) $9 \times 5 =$ 　　

(5) $9 \times 9 =$ 　　

(6) $9 \times 8 =$ 　　

## 2 つぎの もんだいに 答えましょう。

▶2もん×10点【20点】

(1) 9人の グループを 3組 作りました。ぜんぶで 何人ですか。

しき　　　　　　　　　　　　　　　　答え　　　　　人

(2) あめを 6人に 9こずつ くばり
ます。あめは ぜんぶで 何こ ひつ
ようですか。

しき

答え　　　　　　こ

**3** つぎの もんだいに 答えましょう。

▶2もん×10点【20点】

(1) 1まい 9円の 紙を 5まい 買うと，ぜんぶで 何円ですか。

しき _____　　答え　　　　　円

(2) 1日に 9ページずつ，計算ドリルを ときます。4日間 計算ドリ
ルを とくと，ぜんぶで 何ページ とくことが できますか。

しき _____　　答え　　　　ページ

**4** 9人の 子どもたちに グミと マシュマロを くばることに しました。まず，
グミを 1人に 7こずつ くばった ところ，グミは あまることなく ちょう
ど ぴったり くばることが できました。

▶2もん×15点【30点】

(1) グミは 何こ ありましたか。

しき _____　　答え　　　　　こ

(2) マシュマロは グミより 18こ 多いです。マシュマロを 9人に
同じ 数ずつ くばった ところ，マシュマロは あまることなく
ちょうど ぴったり くばることが できました。マシュマロは 1人
に 何こずつ くばりましたか。

答え　　　　　こ

まとめ　9のだんの べんきょうだね。九九の べんきょうは これで おわりだよ。
1のだん から 9のだんまで しっかり ふくしゅう しよう。

# かけ算 (7)

## 先取りポイント

下の　表は　九九の　表の　4のだんを　広げて，かける　数を　9よりも　大きい　数にして　ならべた　ものです。4のだんは　4ずつ　ふえて　いるので，ア〜エに　あてはまる　数は　つぎのように　もとめる　ことが　できます。

| かける　数 | 1 | 2 | 3 | … | 8 | 9 | 10 | 11 | 12 |
|---|---|---|---|---|---|---|---|---|---|
| 4のだん | 4 | 8 | 12 | … | 32 | ア | イ | ウ | エ |

ア　4 × 9 = 36

イ　36 + 4 = 40　→　4 × 10 = 40

ウ　40 + 4 = 44　→　4 × 11 = 44

エ　44 + 4 = 48　→　4 × 12 = 48

九九を　広げた　表を　うめながら，いろいろな　もんだいに　ちょうせんしよう。

## 1 つぎの　もんだいに　答えましょう。

▶3もん×10点【30点】

(1)　2のだんの　答えは，いくつずつ　ふえますか。

答え　　　　　ずつ ふえる

(2)　7のだんの　答えは，いくつずつ　ふえますか。

答え　　　　　ずつ ふえる

(3)　5のだんの　答えは，いくつずつ　ふえますか。

答え　　　　　ずつ ふえる

**2** 下の 表は 九九の 表の 6のだんを 広げた ものです。つぎの もんだいに 答えましょう。

▶2もん×15点【30点】

| かける 数 | 1 | 2 | 3 | … | 8 | 9 | 10 | 11 | 12 |
|---|---|---|---|---|---|---|---|---|---|
| 6のだん | 6 | 12 | 18 | … | 48 | ア | イ | ウ | エ |

(1) 6のだんの 答えは, いくつずつ ふえますか。

答え　　　　　ずつ ふえる

(2) 表の ア, イ, ウ, エに あてはまる 数は それぞれ いくつですか。

答え ア…　　　　　イ…　　　　　ウ…　　　　　エ…

**3** 下の 表は 九九の 表の 9のだんを 広げた ものです。これを つかって, つぎの もんだいに 答えましょう。

▶2もん×20点【40点】

| かける 数 | 1 | 2 | 3 | … | 8 | 9 | 10 | 11 | 12 |
|---|---|---|---|---|---|---|---|---|---|
| 9のだん |  | 18 |  | … |  |  |  |  |  |

(1) 上の 表の ますに 正しい 数字を ぜんぶ 書きましょう。

(2) りんごが 9こずつ 入った はこが 12はこ あります。りんごは ぜんぶで 何こ ありますか。

しき　　　　　　　　　　　　　　　　答え　　　　　こ

 **まとめ** かける 数が 9よりも 大きくなったよ。九九を だんごとに 見て, どんな きまりが あるのか 見つけて みよう。

## 第25回

# かくにんテスト
## (第21〜24回)

月　日（　時　分〜　時　分）

なまえ

点
/ 100点

**1** つぎの もんだいに 答えましょう。　　▶4もん×10点【40点】

(1) 1ふくろに パンが 7こずつ 入って います。このふくろが 6ふくろ ある とき，パンは ぜんぶで 何こ ありますか。

しき　　　　　　　　　　　　　　　答え　　　　　こ

(2) 9人の グループを 8つ 作りました。ぜんぶで 何人 いますか。

しき　　　　　　　　　　　　　　　答え　　　　　人

(3) えりこさんは 池の まわりを 1しゅう 8分で 走ります。3しゅう する とき，何分 かかりますか。

しき　　　　　　　　　　　　　　　答え　　　　　分

(4) チョコレートを 7人に 5こずつ くばりました。ぜんぶで 何こ くばりましたか。

しき　　　　　　　　　　　　　　　答え　　　　　こ

**2** つぎの もんだいに 答えましょう。　　▶2もん×10点【20点】

(1) 9のだんの 答えは いくつずつ ふえますか。

答え　　　　　ずつ ふえる

(2) 8×6の 答えは 8×5の 答えより いくつ 大きいですか。

答え　　　　　大きい

**3** つぎの もんだいに 答えましょう。　　　　▶2もん×10点【20点】

(1) はるくんは 90ページ ある 本を 1日に 7ページずつ 読みました。9日間 読んだ 後の のこりの ページ数は 何ページですか。

　　　　　　　　　　　　　　　　　答え　　　　　　　　ページ

(2) さやさんは 100円玉を 1まい もって，おかしを 買いに 行きました。1こ 8円の クッキーを 6こ 買った とき，おつりは 何円ですか。

　　　　　　　　　　　　　　　　　答え　　　　　　　　円

**4** スポーツ大会で，1チーム 7人の チームを 作って ドッジボールを したところ，ちょうど 7チーム 作る ことが できて，チームに 入れなかった 人は いませんでした。

　　　　　　　　　　　　　　　　▶2もん×10点【20点】

(1) スポーツ大会に さんかした 人は ぜんぶで 何人ですか。

しき　　　　　　　　　　　　　　　答え　　　　　　　　人

(2) スポーツ大会に さんかした 人たちで，1チーム 9人の チームを 作って やきゅうを しようと した ところ，1つの チームだけ 人数が たりなく なりました。人数が たりない チームの 人数が 9人に なるには，あと 何人 ひつようですか。

　　　　　　　　　　　　　　　　　答え　　　　　　　　人

**まとめ**　これで 九九は ぜんぶ ならったね。
九九が カンペキに 言えるように なったか，かくにんしよう。

月　日（　時　分〜　時　分）

なまえ

点
100点

**1** つぎの □ に あてはまる 数を 書きましょう。　▶4もん×5点【20点】

(1) 1000を 6こ, 100を 5こ, 10を 6こ, 1を 9こ 合わせた

数は ［　　　　　　　］ です。

(2) 1000を 1こ, 10を 2こ, 1を 4こ 合わせた 数は

［　　　　　　　］ です。

(3) 4132は, 1000を ［　　　　　］こ, 100を ［　　　　　］こ,

10を ［　　　　　］こ, 1を ［　　　　　］こ 合わせた 数です。

(4) 7501は, 1000を ［　　　　　］こ, 100を ［　　　　　］こ,

1を ［　　　　　］こ 合わせた 数です。

**2** つぎの 数を 算用数字で 書きましょう。　▶4もん×5点【20点】

(1) 五千四百二十七　　　　　　　　答え ＿＿＿＿＿＿＿＿＿

(2) 九千九百九十八　　　　　　　　答え ＿＿＿＿＿＿＿＿＿

(3) 三千百八　　　　　　　　　　　答え ＿＿＿＿＿＿＿＿＿

(4) 二千十　　　　　　　　　　　　答え ＿＿＿＿＿＿＿＿＿

**3** つぎの ☐ に 当てはまる 数を 書きましょう。 ▶6もん×5点【30点】

(1) 5000より 367 大きい 数は ☐ です。

(2) 7000より 10 小さい 数は ☐ です。

(3) 6000は ☐ より 63 小さい 数です。

(4) 2000は ☐ より 17 大きい 数です。

(5) 4000は 4200より ☐ 小さい 数です。

(6) 3000は 2996より ☐ 大きい 数です。

**4** あおいくんは，お母さんに おつかいを
たのまれて，1000円さつを 2まい，100
円玉を 4まい，10円玉を 2まい うけと
りました。 ▶2もん×15点【30点】

(1) ぜんぶで 何円 うけとりましたか。

答え ＿＿＿＿＿ 円

(2) あおいくんが うけとった お金を すべて 10円玉に すると，
10円玉は 何まいに なりますか。

答え ＿＿＿＿＿ まい

まとめ
 4けたの 数を べんきょうしたよ。1000, 100, 10, 1の まとまりで 考えよう。

# 4けたの数 (2)

**1** つぎの 数を 数字で 書きましょう。　　　　　▶5もん×10点【50点】

(1) 100を 10こ あつめた 数は いくつですか。　　答え _____

(2) 100を 25こ あつめた 数は いくつですか。　　答え _____

(3) 6200は 100を 何こ あつめた 数ですか。　　答え _____

(4) 5000より 470 大きい 数は 何ですか。　　答え _____

(5) 10000より 2500 小さい 数は 何ですか。　　答え _____

**2** つぎの もんだいに 答えましょう。　　　　　▶2もん×5点【10点】

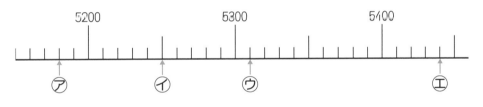 

(1) いちばん 小さい 目もりは いくつですか。

答え _____

(2) ⑦, ⑦, ⑨, ①の 目もりが あらわす 数は それぞれ いくつで
すか。

答え ⑦＝　　　　　⑦＝　　　　　⑨＝　　　　　①＝

**3** つぎの もんだいに 答えましょう。 ▶2もん×10点【20点】

(1) しほさんは, 1000円を もって 買いものに 行きました。200円
の おかしを 1つ 買うと, おつりは 何円ですか。

しき _____ 答え _____ 円

(2) 赤い 紙が 300まい, 青い 紙が 900まい あります。ぜんぶで
何まいの 紙が ありますか。

しき _____ 答え _____ まい

**4** ある 工場で, おもちゃを 作る ことに しま
した。月曜日に 工場で, 朝 300こ, 昼 600こ,
夜 500こ 作りました。 ▶2もん×10点【20点】

(1) 月曜日に, この工場で 作った おもちゃ
は ぜんぶで 何こですか。

しき _____ 答え _____ こ

(2) つぎの 日は 火曜日で, 朝は 月曜日より 100こ 少なく, 昼は
月曜日の 昼の 半分, 夜は 何こか 作りました。すると、火曜日に
作った おもちゃの 数は 月曜日より 500こ 少なく なりました。
火曜日の 夜に 作った おもちゃは 何こですか。

答え _____ こ

**まとめ** 4けたの 数の たし算・ひき算だよ。
100の まとまりが いくつ あるのか 考えようね。

56

## 第28回

小学2年の図形と文章題

# 分数

月　日（🕐　時　分〜　時　分）

なまえ

点
/100点

**1** 色の ついた ところは ぜんたいの 何分の一ですか。分数（$\frac{1}{2}$, $\frac{1}{3}$, $\frac{1}{4}$, $\frac{1}{6}$, $\frac{1}{8}$ の どれか）で 答えましょう。

▶ 4もん×5点【20点】

(1)

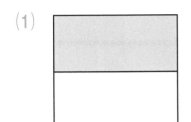

答え ＿＿＿＿＿＿＿＿＿＿

(2)

答え ＿＿＿＿＿＿＿＿＿＿

(3)

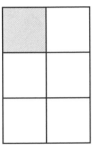

答え ＿＿＿＿＿＿＿＿＿＿

(4)

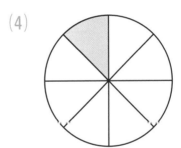

答え ＿＿＿＿＿＿＿＿＿＿

**2** つぎの もんだいに 答えましょう。

▶ 2もん×10点【20点】

(1) いちごが 10こ あります。$\frac{1}{2}$ と なる 数は 何こですか。

答え ＿＿＿＿＿ こ

(2) クッキーが 15まい あります。$\frac{1}{3}$ と なる 数は 何まいですか。

答え ＿＿＿＿＿ まい

**3** 1本の 白い テープが あります。この テープを 右の 図のように 同じ 長さに 4つに 分けて, 赤, 青, 黄, 緑で ぬりました。つぎの □に あてはまる 数を 答えましょう

▶2もん×15点【30点】

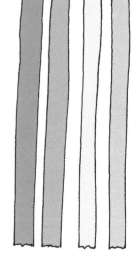

(1) はじめに あった 白い テープの 長さは, 赤い テープの 長さの □ ばいです。

(2) 赤い テープの 長さは, はじめに あった 白い テープの 長さの □ 〈←分数〉です。

**4** かなさんは, はじめに あめを 12こ もって いました。弟に 何こか あげた ところ, あめは 6こ のこりました。

▶2もん×15点【30点】

(1) はじめに あった あめの 数は, のこった あめの 数の 何ばいですか。

答え　　　　　ばい

(2) かなさんは のこった あめを 何こか 食べました。すると, あめの 数は, はじめに あった数の $\frac{1}{3}$ に なりました。かなさんは あめを 何こ 食べましたか。

答え　　　　　こ

分数を べんきょうしたよ。○こに 分けた 1こ分の あらわし方を おぼえよう。

# 表とグラフ

1　6月に けがを した 人の 数を しらべて, けがの しゅるいと 人数を グラフに まとめました。1つの ●が 1人を あらわして います。

▶5もん×8点【40点】

## けがの しゅるいごとの 人数

すりきず　つきゆび　だぼく　だっきゅう　こっせつ

(1) 一番 多い けがは 何ですか。　　　　　　答え _____

(2) 一番 少ない けがは 何ですか。　　　　　答え _____

(3) だぼくは 何番目に 多い けがですか。　答え _____ 番目

(4) すりきずの 人は こっせつの 人より 何人 多いですか。

答え _____ 人 多い

(5) けがを した 人は ぜんぶで 何人ですか。　答え _____ 人

**2** ありささん，かなたくん，さゆりさん，たいちくん，みなみさんの 5人が もって いる クッキーの 数を，表に まとめました。

▶4もん×15点【60点】

| 人 | ありさ | かなた | さゆり | たいち | みなみ |
|---|---|---|---|---|---|
| クッキーの数 | 5 | 2 | 7 | 8 | 5 |

(1) 下の グラフに ○を 入れて，5人が もって いる クッキーの 数を あらわしましょう。

| | | | | |
|---|---|---|---|---|
| | | | | |
| | | | | |
| | | | | |
| | | | | |
| | | | | |
| | | | | |
| | | | | |
| ありさ | かなた | さゆり | たいち | みなみ |

(2) クッキーを 2番目に 多く もって いる 人は だれですか。

答え　　　　　さん

(3) クッキーの 数が 1番 多い 人と，1番 少ない 人の 差は 何こですか。

しき　　　　　　　　　　　　　答え　　　　　こ

(4) 5人が もって いる クッキーは ぜんぶで 何こですか。

しき　　　　　　　　　　　　　答え　　　　　こ

**まとめ**  表に すると わかりやすい ものと，グラフに すると わかりやすい ものが あるよ。表や グラフから わかる ことを しっかり 読みとれるように しようね。

第30回

小学2年の図形と文章題
かくにんテスト
（第26〜29回）

月 日（ 時 分〜 時 分）
なまえ

点
100点

**1** つぎの もんだいに 答えましょう。　▶ 4もん×10点【40点】

(1) さくらさんは，おつかいを お母さんに たのまれて，1000円さつを 8まい，100円玉を 2まい，10円玉を 6まい もらいました。ぜんぶで 何円 もらいましたか。

答え　　　　　　　円

(2) 5900は 100を 何こ あつめた 数ですか。　答え　　　　　こ

(3) 4000より 150 大きい 数は 何ですか。　答え　　　　　　

(4) 500円の ぼうしと 800円の シャツを 買うと，ぜんぶで 何円に なりますか。

しき　　　　　　　　　　　　　　答え　　　　　　　円

**2** つぎの もんだいに 答えましょう。　▶ 2もん×10点【20点】

(1) いちごが 20こ あります。この $\frac{1}{2}$の 数は 何こですか。

答え　　　　　こ

(2) クッキーが 12まい あります。この $\frac{1}{3}$の 数は 何まいですか。

答え　　　　　まい

**3** 2年1組の じどう ぜんいんに，すきな スポーツの アンケートを とりました。下の 表は その けっかを まとめた ものです。1人 1つずつ えらんだ ものと します。

▶ 4もん×10点【40点】

| スポーツ | テニス | サッカー | マラソン | ダンス | やきゅう |
|---|---|---|---|---|---|
| 人数 | 4 | 8 | 2 | 4 | 7 |

(1) 「テニス」を れいに して，2年1組の じどうが すきな スポーツの 人数を 下の グラフに ○を つかって 書きましょう。

| | | | | |
|---|---|---|---|---|
| | | | | |
| | | | | |
| | | | | |
| ○ | | | | |
| ○ | | | | |
| ○ | | | | |
| ○ | | | | |
| テニス | サッカー | マラソン | ダンス | やきゅう |

(2) 2番目に 人気が ある スポーツは どれですか。

答え _____

(3) 1番 人気が ある スポーツと 1番 人気が ない スポーツの 人数の ちがいは 何人ですか。

しき _____    答え _____ 人

(4) 2年1組の じどうの 人数は ぜんぶで 何人ですか。

しき _____    答え _____ 人

**まとめ**  4けたの 数・分数・表と グラフの かくにんテストだよ。
4けたの 数は 100の まとまりで 考えよう。

# 長さ (1)

**1** つぎの □ に あてはまる 数を 答えましょう。　▶ 4もん×5点【20点】

(1)　5cm = □ mm

(2)　2cm6mm = □ mm

(3)　70mm = □ cm

(4)　34mm = □ cm □ mm

**2** つぎの □ に あてはまる 数を 答えましょう。　▶ 5もん×4点【20点】

(1)　3cm + 6cm = □ cm

(2)　5cm6mm + 4mm = □ cm

(3)　4cm7mm − 3mm = □ cm □ mm

(4)　3cm4mm + 6cm8mm = □ cm □ mm

(5)　4cm2mm − 1cm5mm = □ cm □ mm

**3** つぎの もんだいに 答えましょう。

▶ 2 もん×15点【30点】

⑴ 赤い リボンの 長さは 7cm，青い リボンの 長さは 3cm4mm です。2本の リボンの 長さの 合計は 何cm何mm ですか。

しき _____　　答え ___ cm ___ mm

⑵ 赤い ペンの 長さは 210mm，青い ペンの 長さは 153mm です。2本の ペンの 長さの ちがいは 何mm ですか。また，それは 何cm何mm ですか。

しき _____

答え ___ mm ＝ ___ cm ___ mm

**4** 長さが 64cm8mmの テープが あります。まず，きりとくんが 3cm5mm つかいました。その 後，りえさんが 208mm つかいました。

▶ 2 もん×15点【30点】

⑴ きりとくんが つかった 後に のこった テープの 長さは 何cm何mm ですか。

しき _____　　答え ___ cm ___ mm

⑵ りえさんが つかった 後に のこった テープの 長さは 何cm 何mm ですか。

答え ___ cm ___ mm

**まとめ** 長さの 文しょうだいだよ。長さの たんいは 1cm ＝ 10mm だからね。これは しっかり おぼえて おこう。

# 第32回

## 長さ (2)

**1** つぎの ☐ に あてはまる 数を 答えましょう。　▶4もん×5点【20点】

(1)　7m = ☐ cm

(2)　450cm = ☐ m ☐ cm

(3)　3m30cm = ☐ cm

(4)　569cm = ☐ m ☐ cm

**2** つぎの ☐ に あてはまる 数を 答えましょう。　▶5もん×4点【20点】

(1)　4m + 2m = ☐ m

(2)　6m − 75cm = ☐ m ☐ cm

(3)　3m + 1m48cm = ☐ m ☐ cm

(4)　2m56cm + 7m62cm = ☐ m ☐ cm

(5)　3m40cm − 1m54cm = ☐ m ☐ cm

**3** つぎの もんだいに 答えましょう。

(1) 赤い ロープの 長さは 8m, 青い ロープの 長さは 9m90cm です。2本の ロープの 長さの 合計は 何m何cm ですか。

しき _____  答え ___ m ___ cm

(2) たつきくんの しんちょうは 1m28cm で, たつきくんと まこさんの しんちょうの 合計は 2m32cm です。まこさんの しんちょうは 何m何cm ですか。

しき _____  答え ___ m ___ cm

**4** 赤, 青, 白の 3色の リボンが あります。3色の リボンの 長さの 合計は 845cmで, 赤の リボンの 長さは 2m86cm です。また, 青の リボンの 長さは 赤の リボンの 長さより 54cm 長いです。　▶2もん×15点【30点】

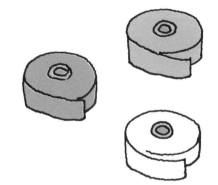

(1) 青の リボンの 長さは 何m何cm ですか。

しき _____  答え ___ m ___ cm

(2) 白の リボンの 長さは 何m何cm ですか。

答え ___ m ___ cm

**まとめ**  長さの 文しょうだいだね。こんどは 「m(メートル)」が 出て きたよ。1m＝100cm を おぼえて おこうね。

## 第33回

小学2年の図形と文章題

# かさ

月　日（　時　分〜　時　分）

なまえ

点
100点

**1** つぎの □ に あてはまる 数を 答えましょう。　　▶8もん×5点【40点】

(1) 3L = □ mL

(2) 4000mL = □ L

(3) 9dL = □ mL

(4) 700mL = □ dL

(5) 3L5dL = □ dL

(6) 3L4dL + 2L = □ L □ dL

(7) 2L8dL + 3dL = □ L □ dL

(8) 4L9dL − 3dL = □ L □ dL

**2** つぎの もんだいに 答えましょう。　　▶2もん×10点【20点】

(1) たろうくんの 水とうには 1L2dL の 水が 入ります。じろうくんの 水とうには 7dL の 水が 入ります。合わせて 何L何dL 入りますか。

しき _____　　答え ___ L ___ dL

(2) 大きい バケツには 9L5dL の 水が 入ります。小さい バケツには 6L7dL の 水が 入ります。2つ 合わせて 何L何dL の 水が 入りますか。

しき _____　　答え ___ L ___ dL

**3** つぎの もんだいに 答えましょう。

(1) あかりさんの コップには 1Lの 水が 入ります。みのりさんの
コップには 6dLの 水が 入ります。2人の コップに 入る 水の
りょうの ちがいは 何dLですか。

しき _____ 答え _____ dL

(2) 大きい プールには 10L3dLの 水が 入ります。小さい プール
には 8L6dLの 水が 入ります。2つの プールに 入る 水の りょ
うの ちがいは 何L何dLですか。

しき _____ 答え ____ L ____ dL

**4** 4L8dLの 牛<sup>ぎゅう</sup>にゅうに 4dLの コーヒー
を 入れて, コーヒー牛にゅうを 作<sup>つく</sup>りま
した。しかし, 作った コーヒー牛にゅう
が うすかったので, 2dLの コーヒーを
たしました。

▶2もん×10点【20点】

(1) コーヒー牛にゅうは 何L何dL できましたか。

しき _____ 答え ____ L ____ dL

(2) できた コーヒー牛にゅうを 1日目に 3dL, 2日目に 1L2dL
のむと, のこりは 何L何dLに なりますか。

しき _____ 答え ____ L ____ dL

答え☞114ページ

 かさの 文しょうだいだね。1L＝10dL＝1000mL だよ。おぼえて おこう。

**1** 右の はこの <ruby>形<rt>かたち</rt></ruby>について，もんだいに <ruby>答<rt>こた</rt></ruby>えましょう。　▶5もん×6点【30点】

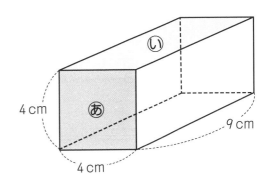

(1) ちょう<ruby>点<rt>てん</rt></ruby>は いくつ ありますか。

答え　　　　　　つ

(2) めんは いくつ ありますか。

答え　　　　　　つ

(3) <ruby>辺<rt>へん</rt></ruby>は <ruby>何本<rt>なんぼん</rt></ruby> ありますか。　　答え　　　　　　本

(4) あと <ruby>同<rt>おな</rt></ruby>じ <ruby>形<rt>かたち</rt></ruby>の めんは，あを ふくめて いくつ ありますか。

答え　　　　　　つ

(5) いと <ruby>同<rt>おな</rt></ruby>じ <ruby>形<rt>かたち</rt></ruby>の めんは，いを ふくめて いくつ ありますか。

答え　　　　　　つ

**2** 右の はこについて，もんだいに 答えましょう。　▶3もん×10点【30点】

(1) あの <ruby>長<rt>なが</rt></ruby>さは 何cmですか。

答え　　　　　　cm

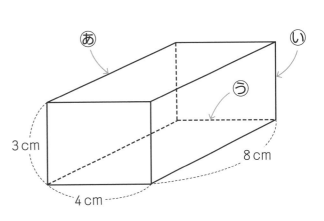

(2) いの <ruby>長<rt>なが</rt></ruby>さは 何cmですか。

答え　　　　　　cm

(3) うの <ruby>長<rt>なが</rt></ruby>さは 何cmですか。

答え　　　　　　cm

**3** 下の図は はこの 形を 切って ひらいた ものです。つぎの もんだいに き
ごうで 答えましょう。

▶ 4もん×10点【40点】

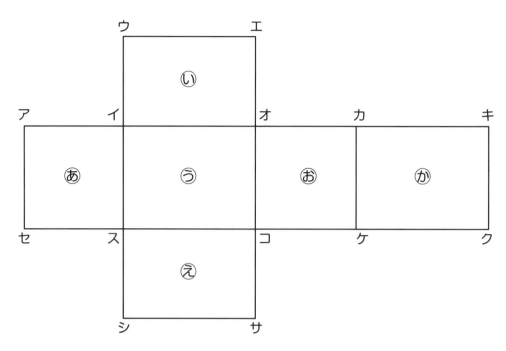

(1) ⓘの めんと むかい合う めんは どれですか。

答え 　　　 の めん

(2) ⓤの めんと むかい合う めんは どれですか。

答え 　　　 の めん

(3) 点エと かさなる 点は どれですか。

答え 点　　　

(4) 点キと かさなる 点は どれと どれですか。

答え 点　　　 と 点　　　

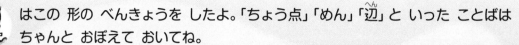

まとめ

70

はこの 形の べんきょうを したよ。「ちょう点」「めん」「辺」と いった ことばは
ちゃんと おぼえて おいてね。

小学2年の図形と文章題

**第35回**

## かくにんテスト
### (第31〜34回)

月　日（🕐　時　分〜　時　分）

なまえ

点

100点

**1** つぎの もんだいに 答えましょう。　　　　▶2もん×10点【20点】

(1) 赤い ひもの 長さは 20cm，白い ひもの 長さは 14cm3mm です。2本の ひもの 長さの 合計は 何cm何mm ですか。

しき _____　　答え ___ cm ___ mm

(2) 長さが 58cm2mm の リボンを まさくんと だいくんの 2人で 分けた ところ，まさくんの リボンの 長さは 30cm8mm に なりました。だいくんの リボンの 長さは 何cm何mm ですか。

しき _____　　答え ___ cm ___ mm

**2** つぎの もんだいに 答えましょう。　　　　▶2もん×10点【20点】

(1) 1本の 長い ロープを 2本に 分けた ところ，長い 方の ロープ の 長さは 8m42cm，みじかい 方の ロープの 長さは 4m85cm に なりました。はじめの ロープの 長さは 何m何cm でしたか。

しき _____　　答え ___ m ___ cm

(2) あきらくんの しんちょうは 1m57cm で，あきらくんと ひろし くんの しんちょうの 合計は 3m です。ひろしくんの しんちょう は 何m何cm ですか。

しき _____　　答え ___ m ___ cm

**3** つぎの もんだいに 答えましょう。　　　　　　　▶3もん×10点【30点】

(1) 1L5dLの りんごジュースと 2L3dLの みかんジュースが あ
　 ります。合計で 何L何dL ありますか。

　　しき _____　　　　　答え ___ L ___ dL

(2) 6L1dLの 水が 入る 水そうが あります。2L5dLの 水を 入
　 れると, あと 何L何dLの 水が 入りますか。

　　しき _____　　　　　答え ___ L ___ dL

(3) 3L7dLの 水が 入って いる バケツが あります。このバケツ
　 に 4L4dLの 水を 入れた 後, バケツから 水を 1L8dL すて
　 ました。のこり 何L何dL ありますか。

　　しき _____　　　　　答え ___ L ___ dL

**4** 右の はこの 形について, もんだいに 答えましょう。　▶3もん×10点【30点】

(1) 辺は 何本 ありますか。

　　答え _____ 本

(2) ⑁と 同じ形の めんは, ⑁も
　 ふくめて いくつ ありますか。

　　答え _____ つ

(3) ⑬の 長さは 何cm ですか。　　　　　答え _____ cm

（図: 直方体、4cm、9cm、6cm、⑬、⑁の表示）

まとめ　長さの たんい（m, cm, mm）, かさのたんい（L, dL, mL）, はこの 形を か
くにんしたね。たんいは 今の うちに カンペキに しようね！

72

## 第36回

小学2年の図形と文章題

# 三角形と四角形

月　日（　時　分〜　時　分）

なまえ

点／100点

**1** つぎの 図の ⓐ〜ⓚの 形を，三角形の グループと 四角形の グループに 分けて みましょう。

▶1もん×20点【20点】

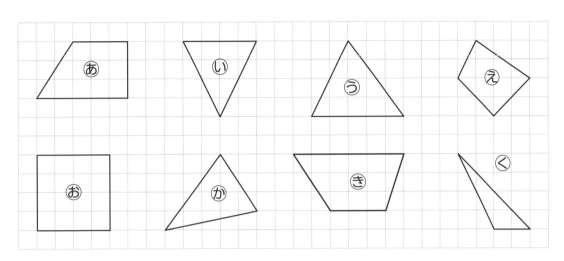

答え　三角形…　　　　　　　　　　四角形…

**2** つぎの 形の 紙を 点線の ところで 切ると，どんな形と どんな形が できますか。「三角形」か「四角形」で 答えましょう。

▶2もん×15点【30点】

(1)

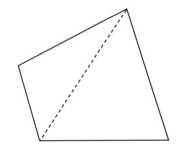

答え　　　　角形と　　　　角形

(2)

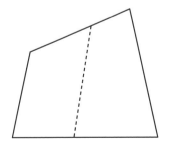

答え　　　　角形と　　　　角形

**3** つぎの 図の あ～この 形を，三角形の グループと 四角形の グループに 分けて みましょう。どちらにも あてはまらない ものも あります。

▶ 1もん×20点【20点】

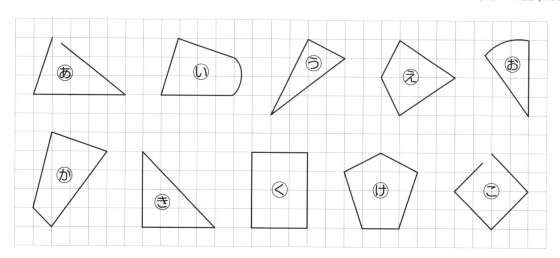

答え　三角形…　　　　　　　　　　四角形…

▶▶ 一歩先を行く問題 ☞ ・・・・・・・・・・・・・・・・・・・・・・・・

**4** さいころの 目は，むかい合う めんの 目を 合わせると 7に なって います。下の めんを 組み立てると，さいころに なりますが，まだ 2と 3と 6の 目しか かかれて いません。のこりの めんに 1と 4と 5の 目を かきましょう。

▶ 2もん×15点【30点】

(1)　　　　　　　　　　　☺(2)

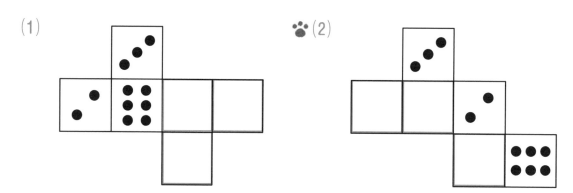

  「三角形」と 「四角形」には どんな 形が あるか，見分けられるように しようね！

第37回
小学2年の図形と文章題
**長方形**

月 日（ 時 分〜 時 分）
なまえ

点
100点

**1** つぎの □ に あてはまる ことばを 答えましょう。 ▶2もん×10点【20点】

(1) 4つの 角が すべて □ に なって いる 四角形を 長方形と よびます。

(2) 長方形の むかい合って いる 辺の 長さは □ です。

**2** つぎの もんだいに 答えましょう。 ▶2もん×15点【30点】

(1) 右のような 長方形が あります。□の 長さは 何cmですか。

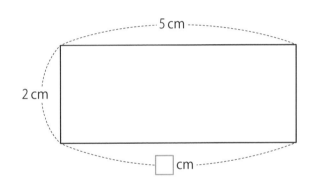

答え _____ cm

(2) 右のような 長方形が あります。□の 長さは 何cmですか。

答え _____ cm

**3** つぎの もんだいに 答えましょう。　　　　　▶1もん×20点【20点】

下の 四角形の 中で，長方形は どれですか。2つ 見つけて きごうで 答えましょう。1ますの 長さは すべて 同じです。

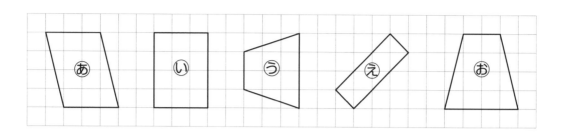

答え 　　　　　　　，

**4** ますめに かかれて いる 線を 元に，つぎの 図形を かきましょう。

▶2もん×15点【30点】

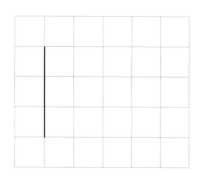

(1) 2つの 辺の 長さが 3cm と 4cm の 長方形

　　※1ますの 長さは 1cm です。

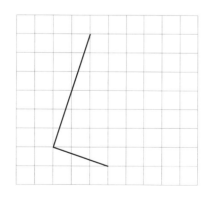

(2) 2つの 辺が 左のように 直角を つくって いる 長方形

 まとめ

 「長方形」の とくちょうを とらえよう。**3**は 直角を 見つけて みよう。

# 正方形

**1** つぎの □ に あてはまる 数字を 答えましょう。 ▶3もん×10点【30点】

(1) 正方形の □ 本の 辺の 長さは 同じです。

(2) 正方形の 角は それぞれ □ 度です。

(3) 正方形には 直角が □ つ あります。

**2** 下の 四角形の 中で, 正方形は どれですか。2つ 見つけて あ〜おで 答えましょう。 ▶1もん×20点【20点】

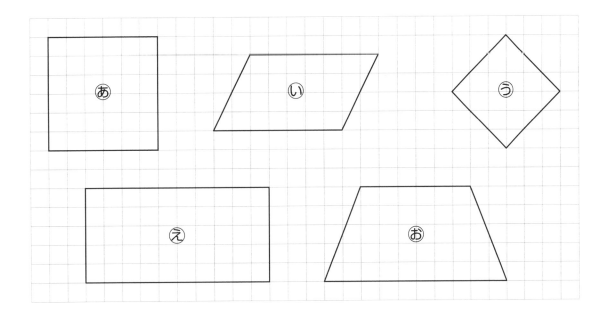

答え _____ , _____

**3** 右の図は，2つの 正方形を 組み合わせた 図形です。 ▶2もん×10点【20点】

(1) ⑦の 長さは 何cm ですか。

答え　　　　　　cm

(2) ⑦の 長さは 何cm ですか。

答え　　　　　　cm

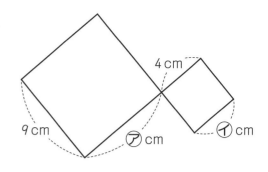

**4** 右の 図のように，1辺の 長さが 1cm の 正方形を 9つ ならべて 大きな 正方形を 作りました。この 図の 中には いろいろな 大きさの 正方形が あります。 ▶2もん×15点【30点】

(1) 1辺の 長さが 1cm の 正方形も ふくめて，何しゅるいの 大きさの 正方形が ありますか。

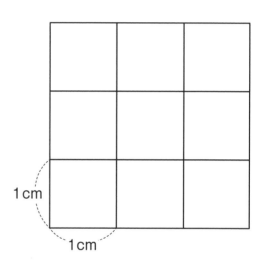

答え　　　　　しゅるい

(2) 1辺の 長さが 2cm の 正方形は 何こ ありますか。

答え　　　　　こ

まとめ　「正方形」は どんな 形かな？ 辺の 長さや 4つの 角に ちゅう目しよう。

# 第39回 直角三角形

**1** つぎの □ に あてはまる ことばを 答えましょう。　▶2もん×10点【20点】

(1) 2つの 辺が つくる 90度の 角を ［　　　　］と いいます。

(2) 1つの 角が 直角である 三角形を ［　　　　　　　　　　　］

と いいます。

**2** つぎの もんだいに 答えましょう。　▶2もん×10点【20点】

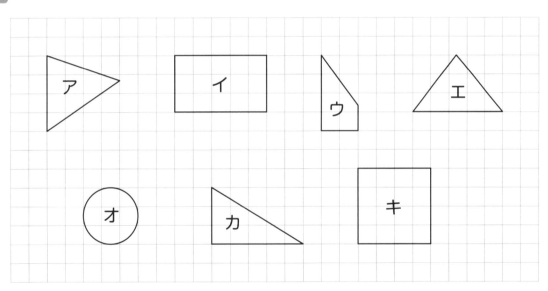

(1) 正方形を えらびましょう。

　　　　　　　　　　　　　　　　答え ＿＿＿＿＿＿＿＿＿＿

(2) 直角三角形を えらびましょう。

　　　　　　　　　　　　　　　　答え ＿＿＿＿＿＿＿＿＿＿

**3** 直角に なる 2辺の 長さが 4cm と 12cm の 直角三角形を 下の ほうが んしに かきましょう。

▶1もん×20点【20点】

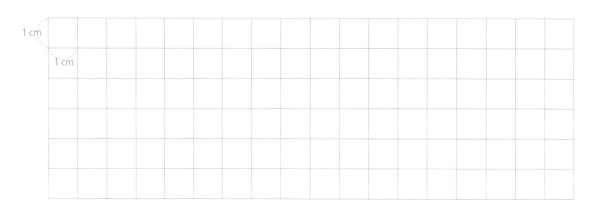

**4** つぎの もんだいに 答えましょう。

▶2もん×20点【40点】

(1) 右の 図を 直線で 1回 切って, 直角三角形と 長方形を 作ります。 切る ぶぶんに 線を 引きましょう。

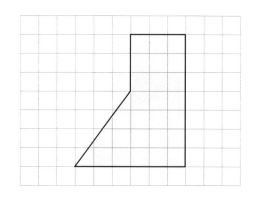

🐾(2) 右の 図のように, 長方形の おり紙を 半分に おって 正方形 を 作り, 点線に そって はさみ で 切りました。アの ぶぶんを ひらくと, どんな 図形に なり ますか。

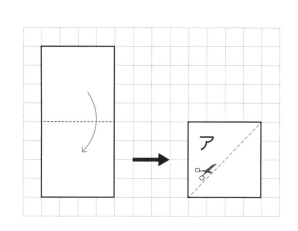

答え _____ 角形

まとめ

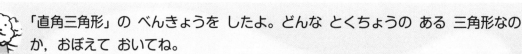

「直角三角形」の べんきょうを したよ。どんな とくちょうの ある 三角形なの か, おぼえて おいてね。

**かくにんテスト**
（第36〜39回）

**1** つぎの □ に あてはまる 数字や ことばを 答えましょう。

▶ 3もん×10点【30点】

(1) 長方形の 4つの 角は すべて [    ] です。

(2) 正方形の [    ] 本の 辺の 長さは 同じです。

(3) 1つの 角が 直角である 三角形を [    ] と いいます。

**2** つぎの もんだいに 答えましょう。

▶ 2もん×15点【30点】

(1) 右のような 正方形が あります。□の 長さは 何cm ですか。

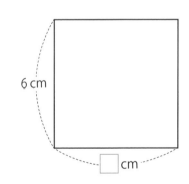

答え _____ cm

(2) 右のように，1辺の 長さが 1cmの 正方形を 6こ ならべて 長方形を 作 りました。この長方形の たての 長さ と よこの 長さは それぞれ 何cm ですか。

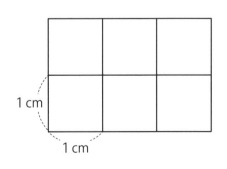

答え たて… _____ cm, よこ… _____ cm

**3** 右の 図は，1辺の 長さが 1cmの 正方形を 9つ 書き，ななめに 線を 引いた ものです。

▶4もん×10点【40点】

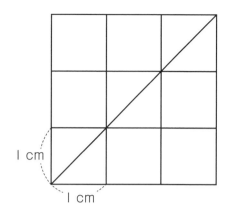

1 cm
1 cm

(1) 1辺の 長さが 1cmの 正方形は 何こ ありますか。

答え　　　　　　こ

(2) 1辺の 長さが 2cmの 正方形は 何こ ありますか。

答え　　　　　　こ

(3) 直角三角形は 何しゅるい ありますか。ただし，かいてんさせたり うらがえして かさなる ものは 1しゅるいと 数えます。

答え　　　　しゅるい

(4) 直角三角形は ぜんぶで 何こ ありますか。

答え　　　　　　こ

 **まとめ**  三角形・四角形・正方形・長方形・直角三角形が それぞれ どんな 形なのか，しっかり おぼえて おこうね。

# 何十，何百のかけ算

## 先取りポイント

　何十，何百の かけ算は，10や 100の まとまりを 考えて，九九を つかって 計算 できます。たとえば，「1こ 30円の ガムを 2こ 買うと，何円に なるか」を 考えて みましょう。

　右の 図のように 考えると，30円は 10円玉 3つ分です。10円が （3×2＝）6まい あるので，60円と 計算 できます。

　よって，30×2の 答えは，10の まとまりが （3×2＝）6つ あるので，30×2＝60と なります。

**1** つぎの もんだいに 答えましょう。　　　　▶3もん×10点【30点】

(1) 1こ 10円の マシュマロを 8こ 買うと，ぜんぶで 何円ですか。

しき　　　　　　　　　　　　　　　　　　　　答え　　　　　　　円

(2) 1こ 60円の みかんを 4こ 買うと，ぜんぶで 何円ですか。

しき　　　　　　　　　　　　　　　　　　　　答え　　　　　　　円

(3) 1本 70cmの ひもが 3本 あります。これら 3本の ひもを 一直線に ならべると，長さは 何cmに なりますか。

しき　　　　　　　　　　　　　　　　　　　　答え　　　　　　　cm

**2** つぎの もんだいに 答えましょう。 ▶3もん×10点【30点】

(1) 1さつ 400円の マンガを 2さつ 買うと, ぜんぶで 何円ですか。

しき _____ 答え _____ 円

(2) 1本 200円の ペンを 7本 買うと, ぜんぶで 何円ですか。

しき _____ 答え _____ 円

(3) 100本の えんぴつが 入った はこが 9はこ あります。えんぴつは ぜんぶで 何本 ありますか。

しき _____ 答え _____ 本

**3** 200mLの 水が 入った ペットボトルが 8本 あります。この 水を, 50mL ずつ 6人に くばった 後, 80mL ずつ 5人に くばりました。つぎの もんだいに 答えましょう。

▶2もん×20点【40点】

(1) 水を くばる 前, 水は ぜんぶで 何mL ありましたか。

しき _____ 答え _____ mL

(2) 水を くばった 後, 水は ぜんぶで 何mL のこりますか。

答え _____ mL

**まとめ**  九九を つかって, 大きな 数の かけ算に ちょうせんしたよ。
10や100の まとまりで 考えて 九九を つかって いこう。

# 九九のぎゃく算

**1** つぎの □ に あてはまる 数を 答えましょう。 ▶8もん×5点【40点】

(1) 2 × □ = 12

(2) 5 × □ = 25

(3) 7 × □ = 35

(4) 8 × □ = 64

(5) □ × 6 = 42

(6) □ × 8 = 72

(7) □ × 3 = 9

(8) □ × 9 = 36

**2** つぎの もんだいを □を つかった しきで あらわし，□に入る 数を 答えましょう。 ▶2もん×10点【20点】

(1) 3cm の テープ □本の 長さの 合計は 24cm に なります。

しき _____  答え □= _____

(2) あめを 3こずつ，□人の 子どもたち に くばる とき，あめは 21こ ひつようです。

しき _____

答え □= _____

**3** □を つかって つぎの もんだいに 答えましょう。　　▶2もん×10点【20点】

(1) ラムネが 何こか 入った ふくろが 6ふくろ あり, これらに 入って いる ラムネは ぜんぶで 42こです。1ふくろに 入って いる ラムネの 数は 何こですか。

しき _____　　答え □= 　　こ

(2) あめを 9こ 買った ところ, ぜんぶで 45円でした。あめは 1こ 何円ですか。

しき _____　　答え □= 　　円

**4** たかしくんは 60まいの カードを もって います。ある日, たかしくんは, 公園で あそんで いる 子どもたちに 8まいずつ カードを くばった ところ, 28まい のこりました。□を つかって, つぎの もんだいに 答えましょう。

▶2もん×10点【20点】

(1) 公園で あそんで いる 子どもは 何人ですか。

しき _____　　答え □= 　　人

👣(2) のこった カードを 子どもたちに 同じ まい数ずつ くばった ところ, ちょうど すべて くばる ことが できました。この日, 子どもたちは 1人 何まいずつ カードを もらいましたか。

答え 　　まい

まとめ 九九の ぎゃく算の べんきょうだね。3年生で ならう 「わり算」にも つながって いくよ。これが できれば 「九九」は カンペキだよ。

## 第43回

小学2年の図形と文章題　一歩先

# わり算

月　日（　時　分〜　時　分）

なまえ

点
100点

**1** つぎの □ に あてはまる 数を 答えましょう。　　　▶6もん×5点【30点】

(1)　6 ÷ 3 = 

(2)　8 ÷ 2 = 

(3)　24 ÷ 8 = 

(4)　49 ÷ 7 = 

(5)　45 ÷ 5 = 

(6)　36 ÷ 6 = 

**2** つぎの もんだいに 答えましょう。　　　▶2もん×10点【20点】

(1)　27この いちごを 9人に 同じ 数ずつ 分けます。1人分は 何こに なりますか。

しき　　　　　　　　　　　　　　　　　答え　　　　　　こ

(2)　40この ボールを 8この はこに 同じ 数ずつ 分けます。1この はこに 入る ボールは 何こですか。

しき　　　　　　　　　　　　　　　　　答え　　　　　　こ

**3** つぎの もんだいに 答えましょう。 ▶2もん×10点【20点】

(1) 28m の ロープを 4m ずつに 切り分けました。4m の ロープは 何本 できますか。

しき ＿＿＿＿＿＿＿＿＿＿＿＿＿＿＿＿ 答え ＿＿＿＿ 本

(2) 花が 20本 あります。5本ずつ たばにして いくと, 花たばは 何たば できますか。

しき ＿＿＿＿＿＿＿＿＿＿＿＿＿＿＿＿ 答え ＿＿＿＿ たば

**4** えんぴつが ぜんぶで 70本 あります。8人の 子どもたちに 同じ数ずつ くばった ところ, えんぴつは 6本 あまりました。 ▶2もん×15点【30点】

(1) 子どもたちに くばった えんぴつは ぜんぶで 何本ですか。

しき ＿＿＿＿＿＿＿＿＿＿＿＿＿＿＿＿ 答え ＿＿＿＿ 本

(2) 1人の 子どもに えんぴつを 何本ずつ くばりましたか。

しき ＿＿＿＿＿＿＿＿＿＿＿＿＿＿＿＿ 答え ＿＿＿＿ 本

**まとめ** 3年生の 先どりで,「わり算」を べんきょうしたよ。
九九の ぎゃく算と 考え方は 同じなんだね。

## 先取りポイント

・二等辺三角形 … 2つの　辺の　長さが　等しい　三角形
・正三角形 … 3つの　辺の　長さが　等しい　三角形

二等辺三角形

正三角形

**1** つぎの　もんだいに　答えましょう。

▶ 2もん×15点【30点】

　下の　図のような　三角形㋐，㋑が　あります。㋐は　正三角形，㋑は　二等辺三角形です。

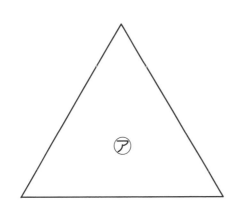

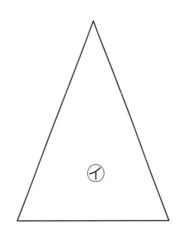

(1) ㋐の　三角形には　同じ　長さの　辺は　何本　ありますか。

答え　　　　　　　本

(2) ㋑の　三角形には　同じ　長さの　辺は　何本　ありますか。

答え　　　　　　　本

**2** 下のような 三角形⑦, ⑦が あります。⑦は 正三角形，⑦は 二等辺三角形です。

▶ 2もん×15点【30点】

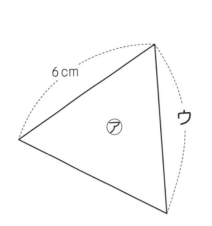
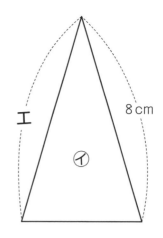

(1) ウの 長さは 何cmですか。　　　　　答え ＿＿＿＿＿ cm

(2) エの 長さは 何cmですか。　　　　　答え ＿＿＿＿＿ cm

**3** 右の 図は，正三角形と 二等辺三角形を かさねた ものです。　▶ 2もん×20点【40点】

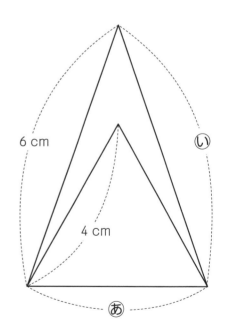

(1) ⑥の 長さは 何cmですか。

答え ＿＿＿＿＿ cm

(2) ⑥の 長さは 何cmですか。

答え ＿＿＿＿＿ cm

先どりとして，「二等辺三角形」と 「正三角形」を べんきょうしたよ。どんな とくちょうが あるのか おぼえて おこうね。

第45回

小学2年の図形と文章題

**かくにんテスト**
（第41〜44回）

月　日（　時　分〜　時　分）

なまえ

点
100点

**1** つぎの もんだいに 答えましょう。　▶4もん×5点【20点】

(1)　$40 \times 7 =$ 　□

(2)　$600 \times 8 =$ 　□

(3)　$6 \times$ □ $= 24$

(4)　$27 \div 3 =$ 　□

**2** つぎの もんだいに 答えましょう。　▶3もん×10点【30点】

(1)　42cmの ひもを 同じ 長さ
の 6本の ひもに 切り分けま
した。1本の 長さは 何cmで
すか。

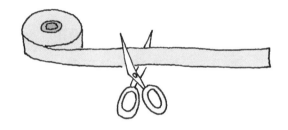

しき _____　　答え _____ cm

(2)　1こ 80円の おかしを 9こ 買うと, 何円に なりますか。

しき _____　　答え _____ 円

(3)　1はこ 500円の トマトを 7はこと, 1ふくろ 300円の レタス
を 4ふくろ 買うと, ぜんぶで 何円に なりますか。

答え _____ 円

**3** よしみさんの クラスの 人数は 36人で，その うちの 20人が 男子です。

▶ 2もん×10点【20点】

(1) 男子を 5人ずつの グループに 分ける とき，グループは いくつ できますか。

しき _____ 答え ___ つ

(2) 女子を 同じ 人数の 4つの グループに 分ける とき，1つの グループの 人数は 何人に なりますか。

しき _____ 答え ___ 人

**4** 右の 図の ㋐は 正三角形，㋑は 二等辺三角形です。つぎの もんだいに 答えましょう。　▶ 3もん×10点【30点】

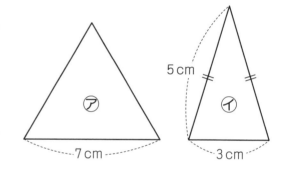

(1) ㋐と ㋑には，同じ 長さの 辺が それぞれ 何本 ありますか。

答え ㋐… ___ 本，㋑… ___ 本

(2) ㋐の まわりの 長さは 何cmですか。

しき _____ 答え ___ cm

(3) ㋑の まわりの 長さは 何cmですか。

しき _____ 答え ___ cm

**まとめ** 3年生で ならう ものを 先どりしたよ。大きな 数の かけ算や わり算，二等辺三角形や 正三角形など，みんなに 教えて あげよう。楽しみだね。

第46回

小学2年の図形と文章題

## 2年生のまとめ (1)

月 日（ 時 分～ 時 分）

なまえ

点
100点

**1** つぎの もんだいに 答えましょう。　　　▶5もん×10点【50点】

(1) はこに ボールが 24こ 入って います。このはこに ボールを 15こ 入れました。はこの 中の ボールは 何こに なりましたか。

しき　　　　　　　　　　　　　　　　　　　答え　　　　　こ

(2) ゆうきくんは カードを 87まい もって います。けいたくんが もって いる カードの まい数は ゆうきくんより 21まい 少ない です。けいたくんは カードを 何まい もって いますか。

しき　　　　　　　　　　　　　　　　　　　答え　　　　　まい

(3) 24円の グミと 39円の ラムネを 買うと，何円に なりますか。

しき　　　　　　　　　　　　　　　　　　　答え　　　　　円

(4) 赤い 花 43本と 白い 花 28本を つかって，花たばを 作りま した。ぜんぶで 何本の 花を つかいましたか。

しき　　　　　　　　　　　　　　　　　　　答え　　　　　本

(5) 1年生と 2年生が 合わせて 91人 います。1年生が 37人の とき，2年生は 何人 いますか。

しき　　　　　　　　　　　　　　　　　　　答え　　　　　人

**2** つぎの もんだいに 答えましょう。

▶2もん×10点【20点】

(1) 学校の テストで, 算数の 点数は 88点, 国語の 点数は 67点
でした。算数と 国語の 点数の 合計は 何点ですか。

しき _____ 答え _____ 点

(2) ぜんぶで 342ページある 本の うち, 176ページ 読みおわりま
した。あと 何ページ のこって いますか。

しき _____ 答え _____ ページ

**3** 土曜日と 日曜日に ゆう園地に 来た 大人と
子どもの 人数を しらべました。子どもの 人数
は, 土曜日は 144人, 日曜日は 178人でした。
また, この 2日間で ゆう園地に 来た 人は, ぜ
んぶで 541人でした。　▶2もん×15点【30点】

(1) この 2日間に ゆう園地に 来た 子ども
は, ぜんぶで 何人ですか。

しき _____ 答え _____ 人

(2) 大人の 人数を くらべると, 日曜日は 土曜日より 19人 多かっ
たです。日曜日に ゆう園地に 来た 大人は 何人ですか。

答え _____ 人

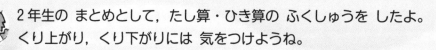

まとめ　2年生の まとめとして, たし算・ひき算の ふくしゅうを したよ。
くり上がり, くり下がりには 気をつけようね。

94

## 第47回

小学2年の図形と文章題

## 2年生のまとめ (2)

**1** つぎの もんだいに 答えましょう。　　　　　　▶5もん×10点【50点】

(1) さやかさんは 1こ 8円の りんごあめを 6こ 買いました。だい金は 何円ですか。

しき _____　　答え _____ 円

(2) えんぴつを 1人に 7本ずつ くばりました。3人に くばるには ぜんぶで 何本の えんぴつが ひつようですか。

しき _____　　答え _____ 本

(3) 1はこ 5こ入りの チョコレートが 2はこ あります。ぜんぶで 何この チョコレートが ありますか。

しき _____　　答え _____ こ

(4) 4人がけの いすが ぜんぶで 9つ あります。ぜんぶで 何人 すわれますか。

しき _____　　答え _____ 人

(5) 6人の 子どもたちに 1人 9まいずつ おり紙を くばりました。ぜんぶで 何まいの おり紙を くばりましたか。

しき _____　　答え _____ まい

**2** つぎの もんだいに 答えましょう。 ▶3もん×10点【30点】

(1) 2900は 100を 何こ あつめた 数ですか。

答え　　　　　こ

(2) 赤い紙が 500まい，青い紙が 700まい あります。ぜんぶで 何まいの 紙が ありますか。

しき　　　　　　　　　　　　　　　答え　　　　　まい

(3) たけしくんは 1000円を もって 買いものに 行きました。600円の おもちゃを 買うと，おつりは 何円ですか。

しき　　　　　　　　　　　　　　　答え　　　　　円

**3** ふくろの 中に まめが 何こか 入って います。これらの まめを 1年生 3人と，2年生 6人に くばります。1年生には 1人 7こずつ，2年生には 1人 4こずつ まめを くばった ところ，ふくろの 中に 何こか まめが のこって いました。 ▶2もん×10点【20点】

(1) 1年生と 2年生に くばった まめは ぜんぶで 何こですか。

答え　　　　　こ

(2) あまった まめを，1年生と 2年生 ぜんいんに 2こずつ くばった ところ，まめが 7こ のこりました。はじめ，まめは 何こ ありましたか。

答え　　　　　こ

おもに たんいと わり算の ふくしゅうを やったね。わり算は 九九の はんいで できるけど，4年生に なると わり算の 「筆算」が 出て くるの。お楽しみに！

**1** つぎの もんだいに 答えましょう。 ▶2もん×15点【30点】

(1) 赤い 糸の 長さは 6cm2mm，青い 糸の 長さは 3cm4mm です。2本の 糸の 長さの 合計は 何cm何mm ですか。

しき _____ 答え ___ cm ___ mm

(2) 赤い 糸の 長さは 21cm3mm，青い 糸の 長さは 15cm8mm です。赤い 糸は 青い 糸より 何cm何mm 長いですか。

しき _____ 答え ___ cm ___ mm

**2** 赤，青，白の 3色の リボンが あります。3色の リボンの 長さの 合計は 845cm で，赤の リボンの 長さは 1m86cm です。また，青の リボンの 長さは，赤の リボンの 長さより 1m6cm 長いです。

▶2もん×10点【20点】

(1) 青の リボンの 長さは 何m何cm ですか。

しき _____ 答え ___ m ___ cm

(2) 白の リボンの 長さは 何m何cm ですか。

答え ___ m ___ cm

**3** つぎの もんだいに 答えましょう。

▶ 2もん×10点【20点】

(1) はなこさんの 水とうには 1L7dL の 水が 入ります。かすみさんの 水とうには 7dL の 水が 入ります。合わせて 何L何dL 入りますか。

しき _____  答え　　　　L　　　dL

(2) 大きい バケツには 7L3dL の 水が 入ります。小さい バケツには 5L7dL の 水が 入ります。大きい バケツには, 小さい バケツより 何L何dL 多く 水が 入りますか。

しき _____  答え　　　　L　　　dL

**4** 右の 図のように, 1辺の 長さが 1cm の 正方形を 9つ ならべて 大きな 正方形を 作りました。右の 図の 中には いろいろな 大きさの 正方形が あります。

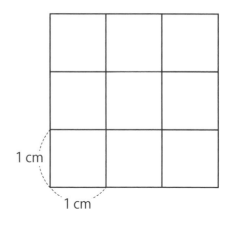

▶ 2もん×15点【30点】

(1) 大きさの ちがう 正方形は 何しゅるい ありますか。

答え　　　　しゅるい

(2) 正方形は ぜんぶで 何こ ありますか。

答え　　　　こ

まとめ　　長さの たんい, かさの たんい, 図形の ふくしゅうだよ。
98　　　　1m＝100cm, 1cm＝10mm, 1L＝10dL＝1000mL だからね。

**1** つぎの もんだいに 答えましょう。　▶3もん×10点【30点】

(1) バスに 14人 のって いました。1つめの バスていで 5人 おりて 7人 のりました。2つめの バスていで 4人 おりて 何人か のり, バスの 中は 15人に なりました。2つめの バスていで 何人 のって きましたか。

答え　　　　　人

(2) 兄は カードを 115まい, 弟は カードを 何まいか もって います。兄が 弟に 27まい あげた ところ, 兄と 弟の カードの まい数は 等しく なりました。はじめに, 弟は カードを 何まい もって いましたか。

答え　　　　　まい

(3) ペットボトルに ジュースが 1L5dL 入って います。朝2dL, 昼6dL, 夜3dL のみました。ジュースは あと 何dL のこって いますか。

答え　　　　　dL

**2** はこに 赤い 玉を 46こ, 青い 玉を 17こ 入れました。　▶2もん×10点【20点】

(1) はこには ぜんぶで 何この 玉が 入って いますか。

しき　　　　　　　　　　　答え　　　　　こ

(2) はこから 赤い 玉を 15こ とり出し, 青い 玉を 何こか 入れた ところ, はこの 中の 赤い 玉と 青い 玉が 同じ 数に なりました。青い 玉を 何こ 入れましたか。

答え　　　　　こ

**3** はなこさんは, 午後 4 時 50 分から ピアノの れんしゅうを 1 時間 20 分 しました。15 分 休けいした 後, 読書を しました。読書を した 後, 20 分後に 夜ごはんに なりました。

▶ 2 もん×10点【20点】

(1) はなこさんが 読書を はじめたのは, 午後 何時何分ですか。

答え 　　　時　　　分

(2) はなこさんが 読書を した 時間は, ピアノの れんしゅうを した 時間 より 30 分 みじかいです。はなこさんが 夜ごはんを 食べはじめたのは 午後 何時何分ですか。

答え 　　　時　　　分

▶▶ 一歩先を行く問題 ☞ • • • • • • • • • • • • • • • • • •

**4** 右の 表は, かけ算九九を あらわした もので, 一部だけ 書かれて います。この 表が 完成した とき, つぎの もんだいに 答えましょう。　▶ 3 もん×10点【30点】

| × | 1 | 2 | 3 | 4 | 5 | 6 | 7 | 8 | 9 |
|---|---|---|---|---|---|---|---|---|---|
| 1 | 1 | 2 | 3 | 4 | 5 | 6 | 7 | 8 | 9 |
| 2 | 2 | 4 | 6 | 8 | 10 | 12 | 14 | 16 | 18 |
| 3 | 3 | 6 | 9 | 12 | 15 | 18 | 21 | 24 | 27 |
| 4 | | | | | | | | | |
| 5 | | | | | | | | | |
| 6 | | | | | | | | | |
| 7 | | | | | | | | | |
| 8 | | | | | | | | | |
| 9 | | | | | | | | | |

(1) 表の 中に「24」は 何こ ありますか。

答え 　　　　こ

(2) 表の 中の 「49」の 右に ある 数と 下に ある 数を 答えましょう。

答え 　右… 　　　, 下… 　　

(3) 表の 中の 4つの 数を □で かこんだところ, 右のように なりました。ア, イに あてはまる 数は いくつですか。

| ア | 36 |
|---|---|
| 40 | イ |

答え 　ア… 　　　, イ… 　　

**まとめ**
100

むずかしい もんだいに チャレンジしたね。どんな もんだいでも, あきらめなければ きっと できるように なるよ。がんばろうね！

第50回

小学2年の図形と文章題

一歩先

# チャレンジもんだい (2)

月　日（時　分〜　時　分）

なまえ

点／100点

**1** つぎの もんだいに 答えましょう。　▶3もん×10点【30点】

(1) 右の 図の 正方形と 長方形の まわりの 長さは 同じです。長方形の ㋐の 長さは 何cm ですか。

　　答え　　　　　　　　cm

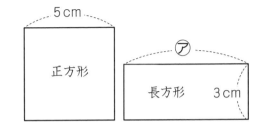

(2) 4cmの ぼう 7本と 9cmの ぼう 3本が あります。このぼうを つかって，正方形と 長方形を 1こずつ 作りました。このとき，つかわなかった ぼうが 2本 あります。つかわなかった ぼうを 答えましょう。

　　答え　　　　　　cm の ぼう　　　本と　　　　cm の ぼう　　　本

(3) 1本の 長い はりがねを 切って，右の 図のような 形を 作ります。1本の 長い はりがねの 長さは 何cm あれば よいですか。

　　答え　　　　　　　　cm

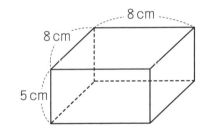

**2** 下の めんを 組み立てると，むかい合う めんの 目の 数が 合わせて 7に なる さいころに なります。□に 目を かきましょう。　▶2もん×10点【20点】

(1)

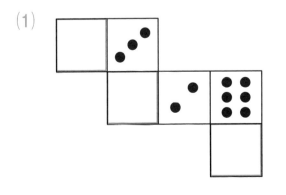

(2)

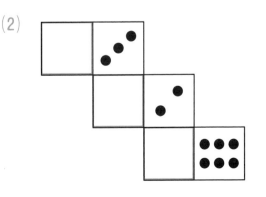

**3** たて 4cm, よこ 3cm の 長方形を, 右のように 切って, 2こ の 三角形⑦と ⑦に 分けました。⑦と ⑦を, 辺と 辺を ぴったり 合わせて ならべます。できあがった 図形の まわりの 長さについて, つぎの もんだいに 答えましょう。

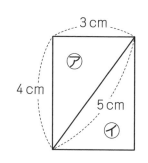

▶ 2もん×10点【20点】

(1) 右のように ⑦と ⑦を ならべると, まわりの 長さは 何cmに なりますか。

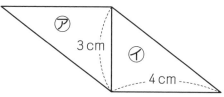

答え　　　　　cm

(2) ⑦と ⑦の 辺と 辺を ぴったり 合わせて ならべて 二等辺三角形を 作ると, 2しゅるいの 二等辺三角形が できました。それぞれ, まわりの 長さは 何cmに なりますか。

答え … 　　　　cmと 　　　　cm

▶▶ 一歩先を行く問題 ☞ ・・・・・・・・・・・・・・・

**4** 1辺の 長さが 1cm の 正方形が, たてに 3こ, よこに 4こ ならんで います。この中に ある 正方形や 長方形の 数を 数えましょう。

▶ 2もん×15点【30点】

(1) 右の 図のような, たて 1cm, よこ 3cm の 長方形は 何こ ありますか。

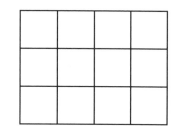

答え　　　　　こ

(2) 図の 中には, いろいろな 大きさの 正方形が あります。正方形は, ぜんぶで 何こ ありますか。

答え　　　　　こ

**まとめ**
むずかしい 図形に チャレンジしたね。これで ぜんぶ おわりだよ。
さいごまで よく がんばったね。きっと りっぱな「リーダー」に なれるよ！

# MEMO

## 答え

本書のもんだいの答えです。まちがえたもんだいは，正しい答えが出るまでふくしゅうしましょう。

**【保護者様へ】**
学習指導のヒント・解説・注意点など

四谷大塚からの↓ アドバイス

---

### 第1回 1年生のふくしゅう (1) ↓ ●問題3ページ

**1** (1) 10 (2) 13 (3) 12 (4) 12 (5) 18 (6) 10

**2** (1) 4 + 8 = 12人 (2) 3 + 7 = 10こ

**3** (1) 6 + 9 = 15人 (2) 7 + 4 = 11日

**4** (1) 8 + 6 = 14台 (2) 6 + 7 = 13台

▶たし算の復習です。今後の学習の基礎になりますから，きちんと理解しておきましょう。

**2** (1) 問題の解答欄は以下の表記になります。
しき 4 + 8 = 12 答え 12人
以後，同様です。

**4** (2) 8 + 6 = 14 …赤い車と青い車の合計
14 − 8 = 6 …青い車の合計
6 + 7 = 13台 …青い車と黄色い車の合計

---

### 第2回 1年生のふくしゅう (2) ↓ ●問題5ページ

**1** (1) 14 (2) 6 (3) 7 (4) 10

**2** (1) 15 − 3 = 12こ (2) 19 − 7 = 12まい
(3) 11 − 7 = 4 赤色の お手玉が 4こ 多い

**3** (1) 10 − 3 = 7こ (2) 15 − 7 = 8人

**4** (1) 7 − 2 = 5人 (2) 16 − 7 − 5 = 4人

▶ひき算の復習です。どんなときにたし算，ひき算を使うのか，考えながら式を書きましょう。

**4** (2) 2年生全体の人数 (16人) から野球またはサッカーを習っている人数 (7 + 5 = 12人) をひくと，
16 − 12 = 4人

---

### 第3回 1年生のふくしゅう (3) ↓ ●問題7ページ

**1** (1) 2番目 (2) 5番目
(3) ☆ △ □ ⊗ ★ ▲ ■

**2** (1) 4, 7 (2) 8, 5 (3) 7, 11

**3** (1) 3番目 (2) 6こ
(3) ☀ ☁ 🌂 ⛄ ♨ ✂ ✏ ✈ ⚽ ⚾
(4) 左から 6番目で，右から 5番目

▶「○番目」の学習は，方向や位置に注目して，順序を考えることが重要です。

**2** (2) 左から右に 1 ずつ減っているので，□は 8 と 5 です。
(3) 左から右に 2 ずつ増えているので，□は 7 と 11 です。

# 第4回 1年生のふくしゅう (4) ⬇ ●問題9ページ

**1** (1) 2まい (2) 6まい (3) 6まい (4) 14まい

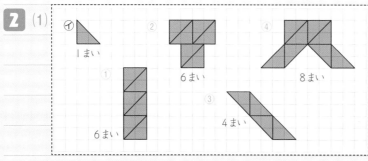

●問題9ページ

▶形づくりの復習です。小学校低学年では図形の単元が少ないですが，小さい頃から実物を使ってきた経験が今後の図形分野の学習で活きてきます。

**3** 下図参照

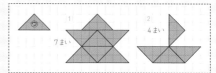

**2** (1)

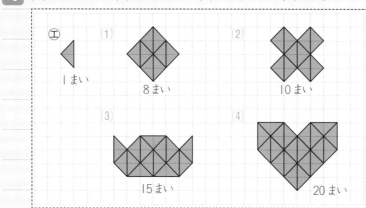

(2) ①と②

**3** (1) 7まい (2) 4まい

**4** (1) 8まい (2) 10まい (3) 15まい (4) 20まい

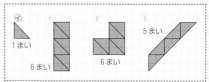

# 第5回 かくにんテスト (第1〜4回) ⬇ ●問題11ページ

**1** (1) 5 + 3 = 8人 (2) 4 + 7 = 11本

**2** (1) 9 - 2 = 7人 (2) 14 - 6 = 8まい

**3** (1) 3番目 (2) 4番目 (3) ☆ △ × ★ □ ▲ ■

**4** (1) ①6まい ②6まい ③5まい

●問題11ページ

▶1年生の復習です。たし算・ひき算は計算の基本となります。

**4** 下図参照

## 第6回

# たし算とひき算（1） ⬇ ⋯⋯⋯⋯⋯⋯⋯⋯ ●問題 13 ページ

**1** 
(1)
```
  3 4
+   4
─────
  3 8
```
(2)
```
  8 7
+   2
─────
  8 9
```
(3)
```
  2 5
+ 1 1
─────
  3 6
```
(4)
```
  1 2
+ 3 3
─────
  4 5
```

**2** (1) 44 ＋ 5 ＝ 49 こ　　(2) 6 ＋ 72 ＝ 78 本

**3** (1) 12 ＋ 36 ＝ 48 まい　　(2) 26 ＋ 63 ＝ 89 円

**4** (1) 31 ＋ 3 ＝ 34 人　　(2) 31 ＋ 34 ＋ 32 ＝ 97 人

▶繰り上がりなしのたし算の筆算の学習です。位ごとに計算するという基礎をしっかり身につけ，繰り上がりありのたし算に備えましょう。筆算の結果は以下のとおりです。

**2** (1)
```
  4 4
+   5
─────
  4 9
```
(2)
```
    6
+ 7 2
─────
  7 8
```

**3** (1)
```
  1 2
+ 3 6
─────
  4 8
```
(2)
```
  2 6
+ 6 3
─────
  8 9
```

**4** (1)
```
  3 1
+   3
─────
  3 4
```
(2)
```
  3 1
  3 4
+ 3 2
─────
  9 7
```

# たし算とひき算（2） ⬇ ⋯⋯⋯⋯⋯⋯⋯⋯ ●問題 15 ページ

**1** 
(1)
```
  1 6
+ 1 5
─────
  3 1
```
(2)
```
  3 9
+ 1 6
─────
  5 5
```
(3)
```
  4 5
+ 3 8
─────
  8 3
```
(4)
```
  6 7
+ 2 3
─────
  9 0
```

**2** (1) 8 ＋ 18 ＝ 26 こ　　(2) 17 ＋ 15 ＝ 32 本

**3** (1) 44 ＋ 36 ＝ 80 円　　(2) 27 ＋ 34 ＝ 61 まい

**4** (1) 18 ＋ 26 ＝ 44 円　　(2) 44 ＋ 47 ＝ 91 円

▶繰り上がりありのたし算の筆算を学習しました。繰り上がりなしの計算と比べると，難度が上がります。一の位から計算し，繰り上がりの「1」を忘れないようにしましょう。

## 第8回

# たし算とひき算（3） ⬇ ⋯⋯⋯⋯⋯⋯⋯⋯ ●問題 17 ページ

**1** (1) 96 － 45 ＝ 51 円　　(2) 98 － 42 ＝ 56 円

**2** (1) ① 47 ＋ 24 ＝ 71　② 47 － 24 ＝ 23

(2) ① 79 ＋ 19 ＝ 98　② 79 － 19 ＝ 60

**3** (1) 89 － 11 － 34 ＝ 44 円

(2) 44 － 34 ＝ 10 円　　(3) 50 － 11 － 10 ＝ 29 円

▶繰り下がりなしのひき算の筆算の学習です。筆算は位をそろえて書きましょう。

**3** (3) 11 ＋ 10 ＝ 21
　　50 － 21 ＝ 29 円

## 第9回

# たし算とひき算（4） ⬇ ⋯⋯⋯⋯⋯⋯⋯⋯ ●問題 19 ページ

**1** (1) 35 － 16 ＝ 19 まい　　(2) 92 － 48 ＝ 44 円

**2** (1) 67 － 9 ＝ 58 円　　(2) 50 － 23 ＝ 27 こ

**3** (1) 81 － 29 ＝ 52 本　　(2) 6 本　　(3) 26 本

▶繰り下がりのあるひき算の筆算を学習しました。一番つまづきやすい単元ですが，ここができればたし算，ひき算は完璧です。何度も練習して，解けるようにしましょう。

**3** (2) 52 － 19 ＝ 33 本 …黄色と紫の花の合計
　　33 － 27 ＝ 6 本 …紫の花
　(3) 81 － 29 － 20 － 6 ＝ 26 本

## 第10回 かくにんテスト（第6～9回）⬇ ●問題21ページ

**1** (1) $15 + 4 = 19$ 本　(2) $23 + 12 = 35$ こ

**2** (1) $17 + 9 = 26$ まい　(2) $29 + 63 = 92$ 円

**3** (1) $35 - 4 = 31$ まい　(2) $88 - 45 = 43$ 円

**4** (1) $83 - 17 = 66$ こ　(2) $66 - 18 - 29 = 19$ こ

▶ 2桁のたし算・ひき算の確認テストです。繰り上がり，繰り下がりのある計算をマスターしましょう。

## 第11回 100 より大きい数 (1) ⬇ ●問題23ページ

**1** (1) 453　(2) 720　(3) 908

**2** (1) 5, 9, 1　(2) 506　(3) 580　(4) 402

**3** (1) ＞　(2) ＞　(3) ＜　(4) ＜

**4** (1) 1000　(2) 500　(3) 900　(4) 15
　(5) 7　(6) 4

▶ 100 より大きい数の学習です。数の大小がわかるようになるには，100のまとまり，10のまとまりで考えることが重要です。わかりにくいときには簡単な絵を描きながら100のまとまりや10のまとまりを意識しましょう。

**2**(3) 100を5個で500，10を8個で80，合わせて580です。
(4) 100を4個で400，1を2個で2，合わせて402です。

**4**(4) 100を10個集めると1000，100を5個集めると500，1500は100を15個集めた数です。

## 第12回 100 より大きい数 (2) ⬇ ●問題25ページ

**1** (1) $50 + 100 = 150$ 円　(2) $60 + 40 = 100$ まい
(3) $90 - 70 = 20$ 本

**2** (1) $300 + 500 = 800$ こ　(2) $900 - 400 = 500$ 円

**3** (1) イ　(2) ア

**4** (1) $150 - 60 = 90$ 円　(2) $500 - 80 - 90 = 330$ 円

▶ 100 より大きい数のたし算・ひき算を学習しました。10のまとまりで考えることで，2桁までのたし算・ひき算と同様に計算できます。

**3**(1) $30 + 160 = 190$　$180 < 190$
(2) $208 - 8 = 200$　$200 > 190$
**4**(2) $80 + 90 = 170$ …代金
$500 - 170 = 330$ …残ったお金

## 第13回 100 より大きい数 (3) ⬇ ●問題27ページ

**1** (1) 137　(2) 75　(3) 101　(4) 607

**2** (1) $284 + 32 = 316$ 円　(2) $95 + 21 = 116$ 分
(3) $68 + 47 = 115$ 頭

**3** (1) $67 + 86 = 153$ 点　(2) $379 + 54 = 433$ 人

**4** (1) $89 + 112 = 201$ 人　(2) $201 + 79 = 280$ 人

▶ 100 より大きい数のたし算は，2桁までのたし算とやり方は同じですが，2回繰り上がる場合は複雑になります。計算ミスをしないように，繰り上がりの「1」をしっかり書いて筆算の練習をしましょう。

## 第14回 100 より大きい数 (4) ⬇ ········································· ●問題 29 ページ

**1** (1) 73　(2) 70　(3) 86　(4) 76　(5) 418　(6) 209

**2** (1) 390 − 85 = 305 こ　　(2) 135 − 63 = 72 人

**3** (1) 134 − 87 = 47 円　　(2) 125 − 32 = 93 点

**4** (1) 530 + 365 = 895 円　　(2) 895 − 58 = 837 円

▶ 100 より大きい数のひき算です。2 回繰り下がるひき算が完璧になれば，今後出てくる「わり算」も学習しやすくなります。はじめは，計算の過程できちんと繰り下がりの「10」などを書くようにしましょう。

## 第15回 かくにんテスト (第 11 ～ 14 回) ⬇ ················· ●問題 31 ページ

**1** (1) 6, 9, 4　　　　　　(2) 18

**2** (1) 400 + 300 = 700 円　　(2) 120 − 40 = 80 こ

　　(3) 134 + 9 = 143 こ

**3** (1) 210 − 189 = 21 人　　(2) 87 + 95 = 182 円

**4** (1) 89 + 108 = 197 点　　(2) 76 点

　　(3) 197 − 181 = 16 点

▶ 100 より大きい数の確認テストです。しっかり復習しましょう。

**1**(2) 100 を 10 個集めると 1000，100 を 8 個集めると 800 になるので，1800 は 100 を 18 個集めた数です。

**4** 次のような表に整理できる。

|  | たろう | じろう | 差 |
|---|---|---|---|
| 算数 | 89 | 105 | 16 |
| 国語 | 108 | 76 | 32 |
| 合計 | 197 | 181 | 16 |

(2) 89 + 16 = 105 …じろうの算数の点数
105 − 29 = 76 …じろうの国語の点数

## 第16回 時こくと時間 ⬇ ······································· ●問題 33 ページ

**1** (1) 24 時間　(2) 1 時間 30 分　(3) 75 分

**2** (1) 5 時 45 分　(2) 11 時 17 分

**3** (1) 時こく　　(2) 時間

**4** (1) 8 時 10 分　(2) 25 分　(3) 50 分

▶時刻と時間に関する問題を学習しました。「時計」は生活する上で欠かせない，身近なものなので，日頃から時刻や時間を意識させながら，学習すると定着します。

**1**(2) 90 − 60 = 30 → 1 時間 30 分
**4**(2) 8 時 40 分 − 8 時 15 分 = 25 分
　(3) 9 時 − 8 時 10 分 = 50 分

## 第17回 かけ算 (1) ⬇ ········································· ●問題 35 ページ

**1** (1) 6　(2) 3　(3) 5　(4) 8　(5) 6　(6) 14　(7) 8　(8) 18

**2** (1) 1　(2) 2　(3) 12　(4) 21　(5) 81

**3** (1) 1 × 4 = 4 本　　　(2) 2 × 8 = 16 円

**4** (1) 1 × 7 = 7 こ　　　(2) 17 こ

▶九九の学習が始まりました。九九は計算の基礎になるので，スラスラ言えるように，日頃から練習しましょう。

**4**(2) 2 × 5 = 10 …プリン
　　7 + 10 = 17 …ケーキとプリン

# 第18回 かけ算(2) ↓
●問題 37 ページ

**1** (1) 12　(2) 18　(3) 15　(4) 27

(5) 8　(6) 20　(7) 16　(8) 32

**2** (1) 3 × 2 = 6 円　(2) 3 × 8 = 24 こ

**3** (1) 4 × 7 = 28 本　(2) 4 × 6 = 24 人

**4** (1) 3 × 7 = 21 こ　(2) 15 こ

▶ 3, 4 の段の学習です。九九のかける数はどんどん増えていくので、こつこつ覚えていきましょう。

**4** (2) 4 × 9 = 36 …4 個ずつ配るのに必要な数
36 − 21 = 15 …たりない数

# 第19回 かけ算(3) ↓
●問題 39 ページ

**1** (1) 45　(2) 5　(3) 15　(4) 12　(5) 6　(6) 42

**2** (1) 6 × 5 = 30 まい　(2) 5 × 4 = 20 円

(3) 7 × 2 = 14 日

**3** (1) 5 × 7 = 35 まい　(2) 6 × 6 = 36 本

**4** (1) 94 こ　(2) 66 こ

▶ 5, 6 の段の学習です。5 の段の一の位は 0, 5 になっているなどの発見は、後の問題演習に活かせます。ときには、数をじっくり見て、特徴を捉えることも重要です。

**4** (1) 5 × 8 = 40 …りんご
6 × 9 = 54 …みかん
40 + 54 = 94 …合計
(2) 5 × 2 = 10 …あげたりんご
6 × 3 = 18 …あげたみかん
10 + 18 = 28 …あげたりんごとみかんの数
94 − 28 = 66 …残った数

# 第20回 かくにんテスト(第16〜19回) ↓
●問題 41 ページ

**1** (1) 80 分　(2) 1 時間 55 分

**2** (1) 1 × 7 = 7 こ　(2) 6 × 7 = 42 本

(3) 2 × 8 = 16 人

**3** (1) 5 × 6 = 30 円　(2) 4 × 6 = 24 人

**4** (1) 5 × 8 = 40 円　(2) 30 円

▶ 時刻と時間、九九の確認テストです。

**1** (1) 60 + 20 = 80
(2) 115 − 60 = 55
→ 1 時間 55 分
**4** (2) 6 × 5 = 30 …ガムの代金
100 − 40 − 30 = 30 …残ったお金

# 第21回 かけ算(4) ↓
●問題 43 ページ

**1** (1) 14　(2) 35　(3) 21　(4) 42　(5) 63　(6) 49

**2** (1) 7 × 3 = 21 人　(2) 7 × 9 = 63 人

**3** (1) 7 × 4 = 28 まい　(2) 7 × 8 = 56 人

**4** (1) 37 まい　(2) 5 まい

▶ 7 の段は覚えにくい段の1つです。1から9まで順番に暗唱するだけでなく、ランダムに出されてもすぐ答えられるように、練習しましょう。

**4** (1) 7 × 9 = 63 …配ったおり紙,
100 − 63 = 37 …あまったおり紙
(2) 6 × 7 = 42 …6 枚ずつ配るのに必要なおり紙
42 − 37 = 5 …たりない数

## 第22回 かけ算 (5) ↓ ●問題 45 ページ

**1** (1) 24　(2) 40　(3) 16　(4) 48　(5) 56　(6) 72

**2** (1) $8 \times 5 = 40$ 人　　(2) $8 \times 3 = 24$ こ

**3** (1) $8 \times 8 = 64$ 円　　(2) $8 \times 4 = 32$ 回

**4** (1) $8 \times 7 = 56$ ページ　　(2) 9 日目

▶8 の段の学習です。九九を使いこなせると，今後出てくるかけ算の筆算やわり算の勉強をスムーズに進めることができます。

**4** (2) $11 - 7 = 4$ …4 ページずつ読んだ日数
$4 \times 4 = 16$ …最後の 4 日間で読んだページ数
$56 + 16 = 72$ …本のページ数
$8 \times 9 = 72 \rightarrow 9$ 日目

## 第23回 かけ算 (6) ↓ ●問題 47 ページ

**1** (1) 36　(2) 18　(3) 63　(4) 45　(5) 81　(6) 72

**2** (1) $9 \times 3 = 27$ 人　　(2) $6 \times 9 = 54$ こ

**3** (1) $9 \times 5 = 45$ 円　　(2) $9 \times 4 = 36$ ページ

**4** (1) $9 \times 7 = 63$ こ　　(2) 9 こ

▶9 の段の学習です。今回で，1 から 9 の段まで九九のすべてを学習しました。

**4** (2) $63 + 18 = 81$ …マシュマロの数
$9 \times 9 = 81 \rightarrow 9$ 個

## 第24回 かけ算 (7) ↓ ●問題 49 ページ

**1** (1) 2 ずつ ふえる　　(2) 7 ずつ ふえる
(3) 5 ずつ ふえる

**2** (1) 6 ずつ ふえる
(2) ア…54　イ…60　ウ…66　エ…72

**3** (1)

| かける数 | 1 | 2 | 3 | … | 8 | 9 | 10 | 11 | 12 |
|---|---|---|---|---|---|---|---|---|---|
| 9 のだん | 9 | 18 | 27 | … | 72 | 81 | 90 | 99 | 108 |

(2) $9 \times 12 = 108$ こ

▶九九の発展的な内容を学習しました。単純に「覚える」ことも重要ですが，九九には色々な規則が隠れています。数の増え方，減り方など様々な法則を見つけましょう。

**2** (2) ア…$6 \times 9 = 54$
イ…$54 + 6 = 60$
ウ…$60 + 6 = 66$
エ…$66 + 6 = 72$

## 第25回 かくにんテスト (第21〜24回) ↓ ●問題 51 ページ

**1** (1) $7 \times 6 = 42$ こ　　(2) $9 \times 8 = 72$ 人
(3) $8 \times 3 = 24$ 分　　(4) $7 \times 5 = 35$ こ

**2** (1) 9 ずつ ふえる　　(2) 8 大きい

**3** (1) 27 ページ　　(2) 52 円

**4** (1) $7 \times 7 = 49$ 人　　(2) 5 人

▶九九の確認テストです。もう 1 度，九九を覚えているかチェックしておきましょう。

**3** (1) $7 \times 9 = 63$ …読んだページ，
$90 - 63 = 27$ …残りのページ
(2) $8 \times 6 = 48$ …代金
$100 - 48 = 52$ …おつり

**4** (2) 9 の段のうち，49 に近いもの …$9 \times 5 = 45$, $9 \times 6 = 54$ より，$54 - 49 = 5$
人必要

# 26 4けたの数 (1) ↓ ●問題53ページ

**1** (1) 6569　(2) 1024　(3) 4, 1, 3, 2　(4) 7, 5, 1

**2** (1) 5427　(2) 9998　(3) 3108　(4) 2010

**3** (1) 5367　(2) 6990　(3) 6063　(4) 1983　(5) 200　(6) 4

**4** (1) 2420円　(2) 242まい

▶ 4桁の数の学習です。千, 百, 十, 一のまとまりを意識することは, 大きな数の計算で役に立ちます。

**4**(2) 1000円札2枚 → 100円玉20枚
100円玉 (20 + 4 =) 24枚 → 10円玉240枚。よって, もらったお金をすべて10円玉にすると242枚

# 27 4けたの数 (2) ↓ ●問題55ページ

**1** (1) 1000　(2) 2500　(3) 62　(4) 5470　(5) 7500

**2** (1) 10　(2) ア…5180　イ…5250　ウ…5310　エ…5440

**3** (1) 1000 − 200 = 800円

(2) 300 + 900 = 1200まい

**4** (1) 300 + 600 + 500 = 1400こ　(2) 400こ

▶ 4桁のたし算ひき算の学習です。100のまとまりで考えると, 2桁のたし算ひき算と同じ要領で計算できますね。

**4**(2) 火曜日は, 朝は 300 − 100 = 200個で, 昼は 600 の半分なので 300 個。
月曜日の合計は 1400 個なので, 火曜日の合計は, 1400 − 500 = 900 個。
火曜日夜のおもちゃの数を□とすると,
200 + 300 + □ = 900
□ = 400 個

# 28 分数 ↓ ●問題57ページ

**1** (1) $\frac{1}{2}$　(2) $\frac{1}{4}$　(3) $\frac{1}{6}$　(4) $\frac{1}{8}$

**2** (1) 5こ　(2) 5まい

**3** (1) 4　(2) $\frac{1}{4}$

**4** (1) 2ばい　(2) 2こ

▶ 分数の勉強です。まず, 「○分の1」の表し方を学習しました。意味を考えながら復習しましょう。

**3**(2) 赤テープは白テープを4つに分けた1つ分なので, 赤テープの長さは,
白テープの長さの $\frac{1}{4}$

**4**(2) はじめのあめの $\frac{1}{3}$ の数は4個なので,
6 − 4 = 2個

# 29 表とグラフ ↓ ●問題59ページ

**1** (1) すりきず　(2) だっきゅう　(3) 2番目

(4) 4人 多い　(5) 21人

**2** (1)

| ありさ | かなた | さゆり | たいち | みなみ |
|:---:|:---:|:---:|:---:|:---:|
|  |  |  | ○ |  |
|  |  | ○ | ○ |  |
|  |  | ○ | ○ |  |
| ○ |  | ○ | ○ | ○ |
| ○ |  | ○ | ○ | ○ |
| ○ |  | ○ | ○ | ○ |
| ○ | ○ | ○ | ○ | ○ |
| ○ | ○ | ○ | ○ | ○ |
| ありさ | かなた | さゆり | たいち | みなみ |

(2) さゆりさん

(3) 8 − 2 = 6こ

(4) 5 + 2 + 7 + 8 + 5 = 27こ

▶ 表やグラフは他の教科でも扱います。今後の算数の学習を進めるうえで, 複雑な問題では, 自分で表やグラフに整理する力が必要になります。読み取る練習だけでなく, 自分で描く練習も重要です。

**1**(4) 7 − 3 = 4人多い
(5) 7 + 4 + 5 + 2 + 3 = 21人

## 1
(1) 8260 円　　(2) 59 こ　　(3) 4150

(4) 500 ＋ 800 ＝ 1300 円

## 2
(1) 10 こ　　　(2) 4 まい

## 3
(1)

| テニス | サッカー | マラソン | ダンス | やきゅう |
|---|---|---|---|---|
|  | ○ |  |  |  |
|  | ○ |  |  | ○ |
|  | ○ |  |  | ○ |
|  | ○ |  |  | ○ |
| ○ | ○ |  | ○ | ○ |
| ○ | ○ |  | ○ | ○ |
| ○ | ○ | ○ | ○ | ○ |
| ○ | ○ | ○ | ○ | ○ |

(2) やきゅう

(3) 8 － 2 ＝ 6 人

(4) 4 ＋ 8 ＋ 2 ＋

4 ＋ 7 ＝ 25 人

▶ 4 桁の数・分数・表とグラフの確認テストです。4 桁の数は 100 のまとまりで考えましょう。

**2** (1) 20 個を 2 つに分けた 1 つ分なので，10 個です。

(2) 12 枚を 3 つにわけた 1 つ分なので，4 枚です。

**3** (3) 1 番人気のあるスポーツはサッカーで 8 人，1 番人気のないスポーツはマラソンで 2 人です。○の数を比べると，違いが 6 人であることがわかります。

---

## 第31回 長さ（1） ⬇ ········· ●問題63ページ

## 1
(1) 50mm　　(2) 26mm　　(3) 7cm　　(4) 3cm4mm

## 2
(1) 9cm　　(2) 6cm　　(3) 4cm4mm

(4) 10cm2mm　　　　(5) 2cm7mm

## 3
(1) 7cm ＋ 3cm4mm ＝ 10cm4mm

(2) 210mm － 153mm ＝ 57mm ＝ 5cm7mm

## 4
(1) 64cm8mm － 3cm5mm ＝ 61cm3mm

(2) 40cm5mm

▶ 長さの文章題を学習しました。1cm ＝ 10mm を使いこなしましょう。

**4** (2) 61cm3mm － 208mm
　　＝ 61cm3mm － 20cm8mm
　　＝ 40cm5mm

---

## 第32回 長さ（2） ⬇ ········· ●問題65ページ

## 1
(1) 700cm　(2) 4m50cm　(3) 330cm　(4) 5m69cm

## 2
(1) 6m　(2) 5m25cm　(3) 4m48cm　(4) 10m18cm

(5) 1m86cm

## 3
(1) 8m ＋ 9m90cm ＝ 17m90cm

(2) 2m32cm － 1m28cm ＝ 1m4cm

## 4
(1) 2m86cm ＋ 54cm ＝ 3m40cm　(2) 2m19cm

▶ 長さの文章題を学習しました。1m ＝ 100cm を使いこなしましょう。

**4** (2) 845cm － 2m86cm － 3m40cm
　　＝ 8m45cm － 2m86cm － 3m40cm
　　＝ 2m19cm

# 第33回 かさ ↓
●問題67ページ

**1** (1) 3000mL (2) 4L (3) 900mL (4) 7dL (5) 35dL

(6) 5L4dL (7) 3L1dL (8) 4L6dL

**2** (1) 1L2dL + 7dL = 1L9dL

(2) 9L5dL + 6L7dL = 16L2dL

**3** (1) 1L − 6dL = 4dL (2) 10L3dL − 8L6dL = 1L7dL

**4** (1) 4L8dL + 4dL + 2dL = 5L4dL

(2) 5L4dL − 3dL − 1L2dL = 3L9dL

▶かさの文章題です。
1L = 10dL = 1000mL になります。

# 第34回 はこの形（かたち）↓
●問題69ページ

**1** (1) 8つ (2) 6つ (3) 12本 (4) 2つ (5) 4つ

**2** (1) 8cm (2) 3cm (3) 4cm

**3** (1) えの めん (2) かの めん

(3) 点カ (4) 点アと 点ウ

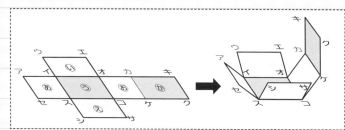

▶はこの形（＝直方体）の学習です。「頂点」「面」「辺」などの言葉と，その意味をきちんと理解しましょう。

**1** はこの形（直方体）には，頂点が8個，面が6つ，辺が12本あります。

**3** (1) 左図のように，あとお，いとえ，うとかの面がそれぞれ向かい合います。

(4) 辺エオと辺カオが重なり，辺エウと辺カキが重なりますから，点キは点ウと重なります。また，点ウは点アと重なりますから，点キと重なるのは点アと点ウです。

# 第35回 かくにんテスト（第31〜34回）↓
●問題71ページ

**1** (1) 20cm + 14cm3mm = 34cm3mm

(2) 58cm2mm − 30cm8mm = 27cm4mm

**2** (1) 8m42cm + 4m85cm = 13m27cm

(2) 3m − 1m57cm = 1m43cm

**3** (1) 1L5dL + 2L3dL = 3L8dL

(2) 6L1dL − 2L5dL = 3L6dL

(3) 3L7dL + 4L4dL − 1L8dL = 6L3dL

**4** (1) 12本 (2) 2つ (3) 9cm

▶単位と立体図形の確認テストです。長さの単位・かさの単位の変換は今のうちに完璧にしておきましょう。

**4** (1) はこの形（直方体）の辺の数は12本です。

## 第36回 三角形と四角形 ⬇

●問題73ページ

**1** (1) 三角形…ⓘ, ⓤ, ⓚ, ⓠ　四角形…ⓐ, ⓔ, ⓞ, ⓝ

**2** (1) 三角形と三角形　　(2) 四角形と四角形

**3** (1) 三角形…ⓤ, ⓦ　四角形…ⓔ, ⓚ, ⓠ

**4**
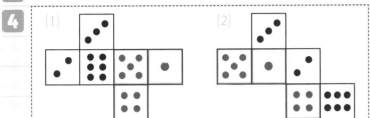

▶平面図形の基礎となる「三角形」と「四角形」の定義をきちんと理解しましょう。

**3** 三角形は3本の直線で囲まれた形, 四角形は4本の直線で囲まれた形です。
　ⓐⓒ …直線が離れていて囲まれていないので, 三角形や四角形ではありません。
　ⓘⓞ …曲線 (曲がった線) があるので, 三角形や四角形ではありません。
　ⓚ …5つの辺に囲まれているので,「五角形」です。

## 第37回 長方形 ⬇

●問題75ページ

**1** (1) 直角　　(2) 同じ

**2** (1) 5cm　　(2) 4cm

**3** ⓘ, ⓔ

**4**
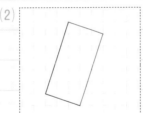

▶「長方形」を学習しました。長方形を選ぶときは,「直角」を見つけることがポイントです。定義にもとづいて理由をつけて答えられるようになると, 間違いにくくなります。

**2** 長方形の特徴は次の2つです。
　① 4つの角がすべて直角になっている。
　② 向かい合っている辺の長さが同じ。
　よって, 向かい合っている辺の長さを見れば, 答えがわかります。

**3** ⓔの角は, 1ます (直角) を斜めに半分にした角╱が2つ分なので,「直角 (◢)」になります。4つの角がすべて直角になっているので, 長方形です。

**4** (2) 左下の頂点から右に3ます, 下に1ますの位置に右下の頂点があるので, 同じように, 左上の頂点から右に3ます, 下に1ますの位置に右上の頂点を描きましょう。

## 第38回 正方形 ⬇

●問題77ページ

**1** (1) 4　(2) 90　(3) 4

**2** ⓐ, ⓤ

**3** (1) 9cm　　(2) 4cm

**4** (1) 3しゅるい　(2) 4こ

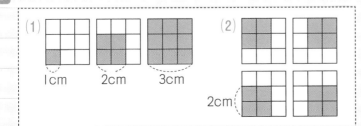

▶「正方形」を学習しました。「4本の辺の長さ」と「4つの角」に注目しましょう。

**2** 正方形は4つの角がすべて直角で, 4本の辺の長さが同じなので, ⓐ, ⓤです。ⓤの角は, 1ます (直角) を斜めに半分にした角が2つ分なので,「直角」になります。

**3** 正方形は4つの辺の長さが同じです。

**4** (1) 左図のように, 1辺の長さが1, 2, 3cmの3種類の正方形があります。
　(2) 左図のように, 1辺の長さが2cmの正方形は4個あります。

# 第39回 直角三角形 ↓ ●問題79ページ

**1** (1) 直角　　(2) 直角 (二等辺) 三角形

**2** (1) キ　　(2) カ

**3**
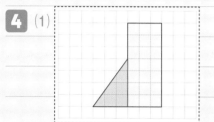

**4** (1)

(2) 直角三角形 (直角二等辺三角形)

▶「直角三角形」を学習しました。3年生になると他の三角形も出てきます。まずは「直角三角形」を今のうちに理解しておきましょう。

**4** (1) 赤線部分で切ります。色の付いたところが直角三角形になります。

(2) 下の図のように, ただの三角形ではなく, 直角三角形になります。2つの辺の長さが等しいので, 直角二等辺三角形ともいいます。

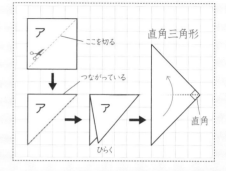

# 第40回 かくにんテスト (第36～39回) ↓ ●問題81ページ

**1** (1) 直角　(2) 4　(3) 直角三角形

**2** (1) 6cm　　(2) たて…2cm, よこ…3cm

**3** (1) 9こ　　(2) 4こ

(3) 3しゅるい　　(4) 6 + 4 + 2 = 12こ

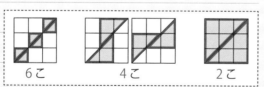

6こ　　4こ　　2こ

▶平面図形の確認テストです。三角形・四角形・正方形・長方形・直角三角形がどんな形か定義と共に定着させましょう。

**2** (2) 1辺1cmの正方形が縦に2ます, 横に3ます並んでいます。正方形は4つの辺の長さが同じなので、向かい合う辺の長さが同じという長方形でもあります。

**3** (3) 左図のとおり, 1辺が1cmの三角形, 1辺が2cmの三角形, 1辺が3cmの三角形の3種類があります。

(4) 1辺が1cm→6個, 1辺が2cm→4個, 1辺が3cm→2個
よって, 全部で　6 + 4 + 2 = 12

# 第41回 何十, 何百のかけ算 ↓ ●問題83ページ

**1** (1) 10 × 8 = 80 円　　(2) 60 × 4 = 240 円

(3) 70 × 3 = 210cm

**2** (1) 400 × 2 = 800 円　　(2) 200 × 7 = 1400 円

(3) 100 × 9 = 900 本

**3** (1) 200 × 8 = 1600mL　　(2) 900mL

▶2年生では, かけ算は「九九」までですが, 3年生以降になると, 九九を超える大きな数のかけ算が出てきます。今回は, 10や100のまとまりで考えることで, 九九を拡張しました。

**3** (2) 50 × 6 = 300mL …6人に配った水
80 × 5 = 400mL …5人に配った水
1600 - 300 - 400 = 900mL …残った水

## 第42回 九九のぎゃく算 ↓

● 問題85ページ

**1** (1) 6　(2) 5　(3) 5　(4) 8　(5) 7　(6) 9　(7) 3　(8) 4

**2** (1) 3 × □ = 24　□ = 8

　　(2) 3 × □ = 21　□ = 7

**3** (1) □ × 6 = 42　□ = 7こ

　　(2) □ × 9 = 45　□ = 5円

**4** (1) 8 × □ = 32　□ = 4人　(2) 15まい

▶ 3年生で本格的に学習する「わり算」では九九を使います。逆算がスラスラできるようになると，わり算の学習がしやすくなります。

**3** (1) 6の段を考えると，
　　　→ 6 × □ = 42，□ = 7個
　 (2) 9の段を考えると，
　　　→ 9 × □ = 45，□ = 5円

**4** (1) 60 − 28 = 32 …配ったカード
　　　8 × □ = 32，□ = 4人
　 (2) 4 × □ = 28，□ = 7 …のこったカードを配った1人あたりの枚数
　　　8 + 7 = 15枚 …この日1人がもらったカードの枚数

## 第43回 わり算 ↓

● 問題87ページ

**1** (1) 2　(2) 4　(3) 3　(4) 7　(5) 9　(6) 6

**2** (1) 27 ÷ 9 = 3こ　　(2) 40 ÷ 8 = 5こ

**3** (1) 28 ÷ 4 = 7本　　(2) 20 ÷ 5 = 4たば

**4** (1) 70 − 6 = 64本　　(2) 64 ÷ 8 = 8本

▶ 3年生の先取りとして「わり算」を学習しました。基礎となるのは九九です。2年生のうちに九九は完璧にしておきましょう。

**1** (1) 6 ÷ 3 = □　⇔　□ × 3 = 6
　　6を3つにわると□になるということは，□を3倍すると6になるということなので，答えは2。

## 第44回 二等辺三角形と正三角形 ↓

● 問題89ページ

**1** (1) 3本　　(2) 2本

**2** (1) 6cm　　(2) 8cm

**3** (1) 4cm　　(2) 6cm

▶ 3年生の先取り学習です。「二等辺三角形」，「正三角形」をしっかり覚えておきましょう。

**3** (1) 小さい方の三角形は，1辺が4cmの正三角形です。正三角形の3つの辺の長さは等しいので，あは4cmです。
　 (2) 大きい方の三角形は二等辺三角形なので，いは6cmです。

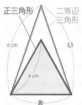

## 第45回 かくにんテスト（第41 〜 44回）↓

● 問題91ページ

**1** (1) 280　(2) 4800　(3) 4　(4) 9

**2** (1) 42 ÷ 6 = 7cm　(2) 80 × 9 = 720円　(3) 4700円

**3** (1) 20 ÷ 5 = 4つ　　(2) 16 ÷ 4 = 4人

**4** (1) ア…3本，イ…2本　　(2) 7 × 3 = 21cm

　　(3) 5 + 5 + 3 = 13cm

▶ 3年生の先取りのまとめ問題です。

**2** (3) 500 × 7 = 3500 …トマト
　　　300 × 4 = 1200 …レタス
　　　3500 + 1200 = 4700円 …代金の合計

**4** (1) 正三角形は3本の辺の長さがすべて同じ三角形，二等辺三角形は2本の辺の長さが同じ三角形です。

# 第46回 2年生のまとめ (1) ⬇ ●問題 93 ページ

**1** (1) 24 + 15 = 39 こ　　　(2) 87 − 21 = 66 まい

(3) 24 + 39 = 63 円　　　(4) 43 + 28 = 71 本

(5) 91 − 37 = 54 人

**2** (1) 88 + 67 = 155 点

(2) 342 − 176 = 166 ページ

**3** (1) 144 + 178 = 322 人　　(2) 119 人

▶たし算とひき算の復習です。たし算・ひき算がきちんとできると，かけ算やわり算の学習がしやすくなります。

**3** (2) 2 日間に来た大人の数は，
541 − 322 = 219 人
日曜日の 19 人をひくと，遊園地に来た大人は，2 日間で
219 − 19 = 200 人
この半分の 100 人ずつが，土曜日と日曜日に来たことになります。
よって，日曜日に来た大人の数は，
100 + 19 = 119 人

# 第47回 2年生のまとめ (2) ⬇ ●問題 95 ページ

**1** (1) 8 × 6 = 48 円　　　(2) 7 × 3 = 21 本

(3) 5 × 2 = 10 こ　　　(4) 4 × 9 = 36 人

(5) 6 × 9 = 54 まい

**2** (1) 29 こ　　(2) 500 + 700 = 1200 まい

(3) 1000 − 600 = 400 円

**3** (1) 45 こ　　(2) 70 こ

▶九九と 4 桁の数を復習しました。3 年生以降のたし算ひき算・かけ算の筆算・わり算の基礎となります。しっかりマスターして進みましょう。

**3** (1) 3 × 7 = 21 …1 年生分
6 × 4 = 24 …2 年生分
21 + 24 = 45 …配ったまめの数
(2) 3 + 6 = 9 …1，2 年生の数
9 × 2 = 18 …追加で配ったまめの数
45 + 18 + 7 = 70 …はじめのまめの数

# 第48回 かくにんテスト (第46〜47回) ⬇ ●問題 97 ページ

**1** (1) 6cm2mm + 3cm4mm = 9cm6mm

(2) 21cm3mm − 15cm8mm = 5cm5mm

**2** (1) 1m86cm + 1m6cm = 2m92cm

(2) 3m67cm

**3** (1) 1L7dL + 7dL = 2L4dL

(2) 7L3dL − 5L7dL = 1L6dL

**4**
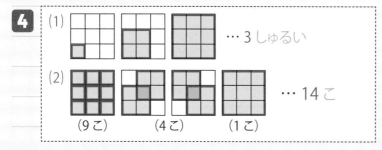
(1) … 3 しゅるい
(2) … 14 こ
(9こ)　　(4こ)　　(1こ)

▶長さの単位換算，かさの単位換算，平面図形の復習をしました。単位は自由自在に変換できるようになると，文章題に取り組みやすくなります。

**2** (2) 845cm − 1m86cm − 2m92cm
= 8m45cm − 1m86cm − 2m92cm
= 3m67cm

**4** (2) 1 辺 1cm の正方形が 9 個，1 辺 2cm の正方形が 4 個，1 辺 3cm の正方形が 1 個あるので，9 + 4 + 1 = 14 個

## 第49回 チャレンジもんだい (1) ⬇

**1** (1) 3人　　(2) 61 まい　　(3) 4dL

**2** (1) 46 + 17 = 63 こ　　(2) 14 こ

**3** (1) 6 時 25 分　　(2) 7 時 35 分

**4** (1) 4 こ

　(2) 右…56, 下…56

　(3) ア…32, イ…45

| × | 1 | 2 | 3 | 4 | 5 | 6 | 7 | 8 | 9 |
|---|---|---|---|---|---|---|---|---|---|
| 1 | 1 | 2 | 3 | 4 | 5 | 6 | 7 | 8 | 9 |
| 2 | 2 | 4 | 6 | 8 | 10 | 12 | 14 | 16 | 18 |
| 3 | 3 | 6 | 9 | 12 | 15 | 18 | 21 | 24 | 27 |
| 4 | 4 | 8 | 12 | 16 | 20 | 24 | 28 | 32 | 36 |
| 5 | 5 | 10 | 15 | 20 | 25 | 30 | 35 | 40 | 45 |
| 6 | 6 | 12 | 18 | 24 | 30 | 36 | 42 | 48 | 54 |
| 7 | 7 | 14 | 21 | 28 | 35 | 42 | 49 | 56 | 63 |
| 8 | 8 | 16 | 24 | 32 | 40 | 48 | 56 | 64 | 72 |
| 9 | 9 | 18 | 27 | 36 | 45 | 54 | 63 | 72 | 81 |

▶どの問題も条件が多く，解くのに一手間が必要ですが，1つ1つの作業は今までの演習と同じです。時間をかけてじっくり取り組んで下さい。

**1** (1) 14 − 5 + 7 = 16 人 …1 つめのバス停
　　16 − 4 + □ = 15 人 …2 つめのバス停
　　□ = 3 人
　(2) 115 − 27 = □ + 27
　　88 = □ + 27　　□ = 61 枚
　(3) 1L5dL − 2dL − 6dL − 3dL
　　= 15dL − 2dL − 6dL − 3dL = 4dL

**2** (1) 46 − 15 = 17 + □
　　31 = 17 + □　　□ = 14 個

**3** (1) 4 時 50 分 + 1 時間 20 分 + 15 分
　　= 午後 6 時 25 分
　(2) 1 時間 20 分 − 30 分 = 80 分 − 30 分
　　= 50 分 …読書をした時間
　　6 時 25 分 + 50 分 + 20 分
　　= 6 時 95 分 = 7 時 35 分

**4** (1) 左図の○にあるとおり，九九で出てくる 24 は，3 × 8，4 × 6，6 × 4，8 × 3 の 4 個。

## 第50回 チャレンジもんだい (2) ⬇

**1** (1) 7cm

　(2) 4cm の ぼう 1 本と 9cm の ぼう 1 本

| 正方形 | 長方形 | つかわなかった ぼう |
|---|---|---|

　(3) 84cm

**2**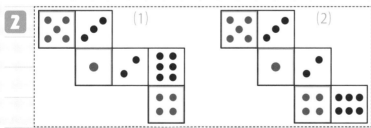

**3** (1) 18cm　　(2) 16cm と 18cm

**4** (1) 6 こ　　(2) 20 こ

▶平面図形，立体図形のチャレンジ問題です。どの問題も難しいですが，時間をかけてじっくり取り組んでみてください。

**1** (1) 5 × 4 − 20 …正方形のまわりの長さ
　　3 × 2 + □ × 2 = 20
　　6 + □ × 2 = 20　　□ = 7cm
　(2) 正方形は，同じ長さの棒が 4 本必要であるため，3 本しかない 9cm の棒は使えません。4cm の棒 4 本て正方形を作り，残りて長方形を作ります。
　(3) 5cm の辺が 4 本と 8cm の辺が 8 本必要なので，5 × 4 = 20，8 × 8 = 64，20 + 64 = 84cm

**3** (1) 5cm の辺が 2 本と 4cm の辺が 2 本あるので，5 × 2 = 10，4 × 2 = 8，10 + 8 = 18cm
　(2) 3 + 3 + 5 + 5 = 16cm …1 つめ
　　4 + 4 + 5 + 5 = 18cm …2 つめ

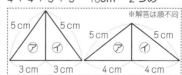

※解答は順不同

**4** (1) 1 辺 1cm の正方形は 12 個。1 辺 2cm の正方形→6 個，1 辺 3cm の正方形→2 個，よって 12 + 6 + 2 = 20 個
※考え方は第 48 回 **4** を参照。

答え